油断大敵！生死を分ける

地震の基礎知識60

Shimamura Hideki
島村英紀

花伝社

油断大敵！　生死を分ける地震の基礎知識60◆目次

はじめに

東日本大震災（東北地方太平洋沖地震、マグニチュード9・0）は東日本全体を載せたまま北米プレートを東南方向に大きく動かしてしまった。正確な測定は陸上部だけしかできていないが、宮城県の牡鹿半島では五・二メートル、首都圏でも三〇〜四〇センチもずれた。このために、日本列島の地下がリセットされてしまったことになる。各所に生まれたひずみが地震リスクを高めている。

もともと首都圏は、世界でも珍しいほど地震が起きやすいところだ。それは首都圏の地下には、プレートが三つ（太平洋プレート、北米プレート、フィリピン海プレート）も同時に入っていて、それぞれのプレートが地震を起こすだけではなくて、お互いのプレートの相互作用で地震を起こすからだ。

世界では二つのプレートが衝突しているために地震が多発するところはある。しかし三つのプレートが地下で衝突しているところは少なく、なかでもその上に三〇〇〇万人もの人々が住んでいるところは、世界でもここにしかない。

もともと少なくはない首都圏の直下型地震は、東北地方太平洋沖地震以来、様相が変わってきたように見える。これらの地震は地下がリセットされてしまったことと無関係ではない。

もっと間の悪いこともある。日本を襲う地震にはマグニチュード8を超える「海溝型地震」と、マグニチュード7クラス以下の「内陸直下型地震」の二種類がある。海溝型地震は一般には日本の沖で起きるが、首都圏だけは海溝型地震が「直下」で起きてしまうという地理的な構図になっているのだ。このため、いままでも関東地震（一九二三年）や元禄関東地震（一七〇三年）といった海溝型地震が首都圏を襲った。

内陸直下型地震はくり返すものかどうか分かっていないが、海溝型地震はくり返す。元禄関東地震、関東地震とくり返してきた地震も、以前はあと一〇〇年ほどは起こるまいと思われていたのが、東北地方太平洋沖地震の影響で、もしかしたらもっと早まるかもしれないと思われはじめている。

江戸時代から現在までの首都圏の地震活動を見ると、不思議なことに関東地震以来の九〇年間は異常に静かだったことが分かる。たとえば東京では、この間に震度5は東北地方太平洋沖地震と二〇一四年五月の伊豆大島近海の地震を入れても四回しかない。しかしその前の三〇〇年間はずっと多かったし、被害地震も多かった。

じつは元禄関東地震のあとも約七〇年間、静かな期間が続いたのだ。首都圏は一時の静穏期間が終わって、いわば「いままでよりは多い」しかし「日本にとっては普通の」状態に戻りつつあるのだろう。

日本に暮らすかぎり、これからも地震と火山とにつき合わざるを得ない。地震や火山について、そしてそれらと地球との関わりについて、どこまでわかっているのか、なにがまだわからないのかを読者に正確に知ってもらおうというのが著者の希望である。

「日本沈没級」起きるのか

二〇一一年三月にマグニチュード９・０の東北地方太平洋沖地震（東日本大震災）が起きたとき、地球全体が除夜の鐘をたたいたときの釣り鐘のように、地震後、何日間もふるえ続けた。

東日本大震災には限らない。二〇〇四年に起きたスマトラ沖地震（マグニチュード９・０）のときは、地球は二週間もふるえ続けたのだった。スマトラ沖地震ではインド洋沿岸の各地で二〇万人以上の死者と行方不明者を出した。

これは学問的には「地球の自由振動」という現象だ。地球は宇宙に浮いている球だから、どこかで大地震が起きると、外から力が加わらなくても揺れることが知られている。

それだけではない。東日本大震災では、地球の自転速度が一〇〇万分の一・六秒だけ速くなった。

これは巨大で重いプレートが地震のときに突然動き、それゆえ地球の岩の重さのバランスが変化したためだ。

同時に、北極と南極にある地球の回転軸も約一五センチずれた。なおプレートとは地球の表面をおおっている厚さ一〇〇キロメートルほどの岩の板で、これが地震を起こす元凶だ。

地震で地球が変わった

いままでに起きた大地震でも地球の自転速度や回転軸が変化したことがある。たとえばスマトラ沖地震では東日本大震災の時より四倍も自転速度が速くなっていた。

地球は大地震のときに釣り鐘のようにふるえるだけではなく、地球の上の重さのバランスが変われば地球が回る軸や自転の速度が変わる。地球上で起きる大地震は、このように地球全体に影響するのである。

かつて世界で起きた一番大きな地震は一九六〇年に発生した南米のチリ地震だ。この地震はマグニチュード9・5。地震のエネルギーは東日本大震災の六倍、スマトラ沖地震の二倍もあった。

実はこのチリ地震のときに、地球の自由振動が初めて発見された。それまでは知られていなかったのである。このチリ地震で起きた津波は丸一日かかって太平洋を渡って日本を襲い、日本だけでも一四〇人以上の犠牲者を生んだ。

今後、チリ地震以上の大地震は起きるのだろうか。

サッカーボールの縫い目

幸いにして、地球を二つに割ってしまうような大地震や、日本中の家が全部倒れてしまう大地震は起きないことがわかっている。それは地震のエネルギーがプレートの中だけにしかたまらないことのためだ。プレートより下では、岩が柔らかいために地震のエネルギーが蓄えられないのである。

地球の半径は約六四〇〇キロメートル。プレートは地球をサッカーのボールにたとえたときに、その縫い目の深さほどの厚さしかないから、蓄えて放出できるエネルギーに限りがあるからである。

ドイツ・ハンブルグ市庁舎前の巨大なサッカーボールを模した地球儀（2004 年 10 月）＝島村英紀撮影

2 大地震が〝起きない〟国での悲劇

日本で国際的な地震学会が開かれたことがある。

そのとき、夜中に震度3の地震があった。日本人なら「ああ、地震か」と思う程度だろう。

しかし、世界の地震学者はちがった。肝をつぶして飛び起きた。あれはなんだ、という騒ぎになったのだ。

そう。地震学者でも地震を体験したことがない学者が世界には多い。

世界には日本のように地震が頻発する国と、地震がない国がある。たとえばイタリアやギリシャをのぞくヨーロッパのほとんどの国も、カナダやオーストラリアやインドもめったに地震がない。

これはプレート（地球の表面をおおっている固い岩の板）が衝突していたり割れたりするところ以外では地震が起きないせいなのである。

地球の調べ方はさまざま

だが、地震を知らない地震学者とは、まるで動物を見たことがない動物学者のようなものではないか。それで学者がつとまるのだろうか。

でも、ちがうのだ。世界の地震学者の八割方以上は、地震から出る地震波の伝わり方を調べることによって、地球の内部を研究する学者なのである。日本では反対に、八割以上が地震そのものを研究している。

X線も電波も通らない地球の内部を自由に通りぬける地震波は、地球の内部の情報を運んできてくれる有能なレポーターなのである。じつは私はその両方を研究してきた少数派の科学者なのだ。

ところで、ひとつの国の中で、地震が起きるところと地震が起きないところがはっきりと分かれている国がある。

たとえば、米国はカリフォルニア州など一部の州だけにしか地震は起きない。ニューヨークにもシカゴにも地震は起きないのである。しかし、二〇一四年には事情が変わった。これは一九七頁に述べよう。

ロシアも中央アジアや千島列島やカムチャッカのような辺境にしか地震が起きない。

辺境で起きる地震を知らなかった

地震が起きるところが辺境にしかなかったために悲劇が生まれてしまったことがある。

一九九五年にサハリン北部で直下型地震（マグニチュード7・6）が起きた。そのとき中層アパート群が一瞬のうちに倒壊して瓦礫の山になり、人口の八割、二五〇〇人もの犠牲者を生んでしまった。

この町ネフチェゴルスクは石油採掘のために作られた新しい町だったが、地震後、町は放棄された。いまは記念碑だけが建っている。

倒れたのはソ連時代の「標準型」のアパートだった。首都モスクワで設計されて、かつてのソ連全土で同じものが建てられていたものだ。

地震がないモスクワなら、これでよかった。モスクワでビルを造っているのを見ると、柱を立ててその上に床を置き、また柱を立てて……と、まるで積み木のような建て方をしている。

そのような設計で造られたアパートは、北海道の隣のサハリンで、日本にはよく起きる直下型地震に遭遇したら、ひとたまりもなかったのである。

3

月でも起こる「深発地震」の謎

月に地震計が置かれたことがある。一九六〇年代からはじまったアポロ計画のときで、その後、のべ約九年は動いていたが、いまは止まってしまった。

しかし、その間に地球にはない地震をいろいろ記録した。

いや、「地震」ではなく「月震」と言われているものだ。なお、月震とは英語のムーンクエイクの訳語である。アースクエイク（地震）をもじって名づけられた。

最大のマグニチュードは約4。地球ではたいした地震ではない。

月に空気がないために頻繁に隕石の衝突が起きていた。だが、それ以上に不思議な、月にしかない地震が起きていたのだ。

それは、はじめ小さかった揺れが数十分もかかってだんだん大きくなっていくもので、地球の地震とは大いにちがう。

月面での地震計設置（写真提供 NASA）

そして、揺れは数時間も続いたのだ。

しかも、震源のほとんどは地球に向いている側だけにあった。また太陽の向きと地震の起きかたも関係していた。

つまり月の地震は地球や太陽の引力で起きていることがわかったのである。

地震の深さ

もうひとつちがうことは、地震が起きる深さだった。ほとんどの地震は、深さが九〇〇から一一〇〇キロメートルという深いところで起きている。月の半径の半分を超えるくらいのところだ。

ちなみに地球の地震は、地球の半径の一〇分の一くらいまででしか起きない。

世界でいちばん深い地震はロシア極東のウラジオストーク近辺の地下七〇〇キロメートル付近で起きる。ここは、日本の東の沖にある日本海溝から地下へ潜り込んでいった太平洋プレートの終着点なのである。

つまり、地球の地震はプレートの中とすぐ周辺でしか起きない。世界でもプレートがたまま深くまで潜り込んでいるところだけ、こういった深い「深発地震」が起きる。

深発地震が起きるのは、日本海の深部のほか、南太平洋のトンガ・ケルマデック地域や、サイパン・グアム島の地下や、南アメリカの太平洋岸の地下など、ごく限られたところだけである。

ウラジオストーク近辺の地震はときにマグニチュード7を超える大きなものも起きる。しかし、阪神淡路大震災なみのマグニチュード7・3の地震でも真上のロシアでは被害はなかった。じつは、震度が大きいのは真上ではなくて、太平洋プレートに沿って地震波が伝わってくる東日本の太平洋岸なのだ。

このときは東日本で震度3になった。しかし同じ東日本でも、日本海岸ではむしろ震源に近いのに、太平洋プレートから遠いために、震度は0だった。

一九九四年にボリビアの地下六三〇キロメートルで起きた深発地震は、隣国チリで一〇人もの犠牲者を生んだ。深発地震は自国ではなくて隣国に被害を出すことがある。とんだとばっちりである。

ゆっくり進む「普通でない」マグニチュード7

二〇一三年一月から、ニュージーランドの首都ウェリントンの地下四〇キロのところでマグニチュード7という大地震が起き続けた。

いや、群発地震ではない。たったひとつの地震が、半年もかかって、じつにゆっくりと進行したのである。

ニュージーランドは日本とよく似た地震と火山の国だ。日本と同様、太平洋プレートが東から地下に沈みこんでいる。

二〇一一年には大都市クライストチャーチの近くでマグニチュード6・1の地震が起きて、日本人二八人を含む一八五人が犠牲になった。

マグニチュード7とは、この国に西欧人が入植して以来、最大の地震だ。普通の地震として一挙に起きれば、大変な被害を生じる可能性がある。しかし、起きた地震は、地下にある巨大な地震断層が、日々、ミリの単位で動き続けたという不思議な地震なのである。

このような地震があることが分かったのは世界でもごく最近だ。いままでの地震計では捉えることは出来なかった。精密で時間分解能もいい地殻変動の観測が行われるようになってはじめて、このような現象が起きることが分かったのである。

普通の地震計でさえ感じないのだから、住んでいる人たちはなにも感じない。もちろん、被害もない。

普通の地震は地震断層が一挙に滑る。「一挙に」というのは、数秒とか十数秒以内という時間である。しかし、このニュージーランドの地震は、半年もかかっている。

ゆっくり揺れるとどうなるのか

じつは、その二つの種類の中間にも地震があることも分かってきている。「一挙」ほどではないが、数分とか、数十分とかかかって地震断層が滑る地震である。

一八九六年に起きて東日本大震災よりも多くの津波による犠牲者を生んでしまった「明治三陸地震」は、この種の地震ではなかったか、と思われている。もちろん、当時は分からなかった。

この地震が起きたときに、沿岸の人々はせいぜい震度2か3しか感じなかった。そのうえ揺れがとてもゆっくりだったので、地震とは思わない人が多かった。

しかし、大津波が突然襲ってきて二万二〇〇〇人もの犠牲者を生んでしまったのである。つまり、この地震は、「震動」は小さかったが、津波だけが大きくなる地震だったのである。震源断層がゆっくり滑ると、このようなことが起きる。

ニュージーランドの地震は幸いなことに、もっとゆっくり滑っている。上に住む人々は、気味が悪いが我慢するしかあるまい。

このような「普通ではない地震」が巨大地震が繰り返す間にはさまっていて、巨大地震の繰り返しを左右しているのではないか、と思われはじめている。

「次の大地震」を恐れている日本にも、ひとごとではないのだ。

5 「地震エネルギー」どこに消えた？

日本列島を載せているプレートと海洋プレートの間でしだいに地震エネルギーがたまっていって、やがて耐えきれなくなると、海溝型の大地震が起きる。物理学者で随筆家の寺田寅彦がいう「忘れたころ」、つまり一〇〇年とか二〇〇年ごとに、こうしてマグニチュード8クラスの巨大地震が繰り返してきている。

ここまでは、よく知られていることだ。しかし、じつは計算が合わないのである。

プレートは一定の速さで動き続けている。東北日本の東側にある日本海溝には太平洋プレートという海洋プレートが毎年一〇センチの速さで押してきているし、西南日本の南側ではフィリピン海プレートという別の海洋プレートが南海トラフという海溝に向かって毎年四・五センチの速さで押してきている。これらの動きは少なくとも一〇〇〇万年以上続いてきている。

ところでこれらマグニチュード8クラスの巨大地震が起きたとき震源断層がどのくらいの距離だけ滑ったのかということは、地震計の記録から分かる。それによれば多くの場合、数メートルなのだ。

計算が合わない

たとえば太平洋プレートの場合プレートの歪みが年に一〇センチずつたまっていく。二年で二〇センチ、一〇年で一メートル……。ところが、実際に巨大地震が起きてきた間隔よりもずっと短い数十年でプレートの歪みが「限界」に達してしまうはずなのだ。

どうも計算が合わない。プレートが作っている歪み、つまり地震エネルギーは大地震として解消されるものがある一方、どこかに消えてしまう歪みがなければおかしい。

「マグニチュード8より小さい地震がたくさん起きているのだろう」って？　いや、マグニチュードが1だけ違えば地震のエネルギーは約三〇倍も違う。マグニチュードが2違えば一〇〇〇倍も違うのだ。このため、小さい地震を束にしても、マグニチュード8の地震にはならないのである。

この「消えてしまった地震のエネルギー」の大きさは、世界各地の海溝でそれぞれ違う。日本海溝ではエネルギーの六〇％が消え、南海トラフでは三〇％が消えてしまっている。繰り返し発生している十勝沖地震では一九五二年十勝沖地震（マグニチュード8・2）の前に、どうも大地震一回分のエネルギーが抜けているようなのだ。

エネルギーが消えない場所も

他方、アリューシャン列島沿いや、南米チリの南部では、この「消えてしまったエネルギー」はほとんどない。プレートが押してきた分だけ巨大地震が起きているのだ。

不思議なところもある。伊豆諸島から南、グアム島の先まで伸びているマリアナ海溝では、この種の巨大地震が起きたことがない。巨大地震のエネルギーは、すべて、どこかに消えてしまっているのである。

しかし、最近の研究では、マリアナ海溝でかつて巨大な地震が起きていたのでは、という新説が出ている。詳しくは六一頁で述べよう。

巨大地震を起こすはずのエネルギーがどこかに消える。前回のニュージーランドでいま起きている、地震計には感じない大地震の話を思い出すだろうか。

そうなのだ。「普通ではない地震」が巨大地震が繰り返す間にはさまっていて、巨大地震の繰り返しを左右しているのではないか、と思われはじめているのである。

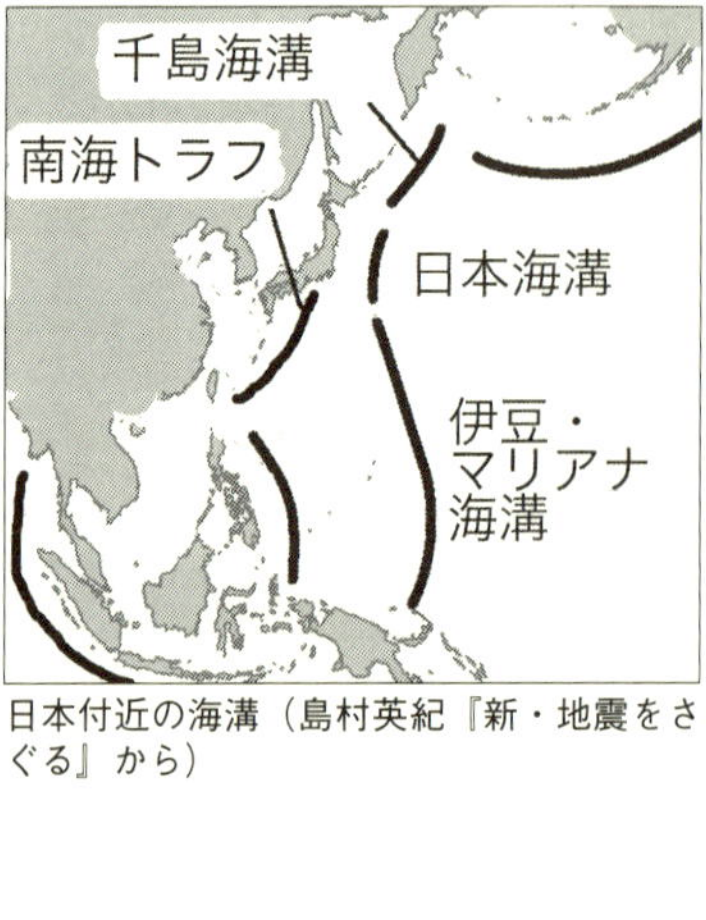

日本付近の海溝（島村英紀『新・地震をさぐる』から）

6 「不思議な地震」は南海トラフでも

「普通ではない、のろまの地震」が巨大地震が繰り返す間にはさまっていて、巨大地震の繰り返しを左右しているのではないか、という話をしてきた。

世界の巨大地震地域にはこの種の不思議な地震が起きないところもある。だが日本ではプレートの動きから計算した巨大地震よりは、実際に起きてきた巨大地震のほうが少ない。日本に住む私たちにとっては、もちろん幸いなことである。

しかし現在の地震学では、どんなときに「普通ではない地震」が起きるのか、どういうときに巨大地震が起きるのかは、残念ながら分かっていない。

のろまの地震あちこちで

ところで、この「普通ではない地震」が意外に多く起きていることも分かりかけている。

たとえば、一九九七年には九州と四国の間にある豊後水道の地下で、また、その前年には宮崎県沖の日向灘の地下で起きていた。また二〇〇一年から二〇〇四年にかけて、静岡県の浜名湖の地下でも起きた。身体にも、普通の地震計にも感じない「のろまの地震」だった。もちろん新聞にも出ない。地震の大きさは、二〇一四年一月からニュージーランドで半年以上かけて起きていた「のろまの地震」のマグニチュード7よりも小さい。

これらの不思議な地震は、いずれも一九四四年に起きたマグニチュード8クラスの東南海地震や一九四六年のやはりマグニチュード8クラスの南海地震の震源断層の縁辺部で起きた。そしてこれらの場所は、将来起きることが恐れられている南海トラフ地震の震源域の中やその境界でもある。

地震学者としては、私はあまり気持ちがよくない。これらの地震は巨大地震のエネルギーを「散らして」くれるだけではなくて、その次に来るべき巨大地震の、なにかの先駆けである可能性がないとはいえないからである。

のろまの地震を研究するむずかしさ

しかし日本でのこの種の地震の観測は、ニュージーランドに比べて不利なことがある。

それは、ニュージーランドで使われた精度の高い地殻変動の観測は陸上でしか行えない制約があるからである。

ニュージーランドでは、この不思議な地震は同国の陸地の地下で起きている。正確に言えば同国の北島と南島の間にある海峡下なのだが、北島にも南島にも展開している観測点が震源を取り囲んでいるのである。

　これに対して日本の場合は、海溝型地震のほとんどは海底下で起きるために、遠い海底下の現象を陸上から観測しなければならず、精度も感度も悪いという制約がある。

　じつは海底で、精密な地殻変動観測を行おうという研究はいろいろ行われている。だが、どの研究もまだ、開発途上なのである。

海底での地殻変動観測の第一歩。1985年、襟裳海山に設置した海底地殻変動観測装置。手前は深海魚・ソコダラ＝島村英紀撮影

7 地下を走る「妖怪」

夏に読んでいただきたい怪談をひとつ。

現代の地殻変動の観測の精度は高い。地面が百万分の一だけ縮むかどうか、地面の傾きが一億分の何度か変わるかどうかの変化が測れる。

そんな細かさで見ると不思議なことが見つかった。

一九七〇年代に、岩手県から秋田県にかけて地殻変動が西北に移動していったのが発見された。地面が数十万分の一縮んだほどの僅かな地殻変動だが、太平洋岸から日本海岸へとゆっくり横切っていったのである。

動いた速さは、ごく遅く、年に二〇キロ。時速にすれば二メートルほどになる。つまりカメよりも遅く、カタツムリなみの速さのものが地下を動いて行ったことになる。移動性地殻変動と名付けられた。

この移動を時間をさかのぼって逆にたどって行くと、陸から海へ出て、さらに太平洋プレートが日本海溝へ沈み込むところに起きる海溝型の巨大地震の場所に至る。

そして、この移動したなにかは、巨大地震が起きたときにちょうどその震源に、その時間にいたことが分かったのである。一九六八年に起きた十勝沖地震（マグニチュード7・9）がその地震だ。

つまり地下の妖怪は、大地震の震源から生まれて、日本を駆け抜けたように見えるのである。

妖怪の仕業か⁉

また、関東地方でも、地面の傾きが、東から西へゆっくりと移動して行ったのが発見されていた。そして逆にたどったその先には一九五三年に起きたマグニチュード7・5の房総沖地震があった。日本だけではない。ペルーでも同じような現象が見つかった。

じつは、この妖怪にはもっと深い嫌疑がかけられている。

それは大地震に「立ち会った」ばかりではなくて、大地震を引き起こしたのではないかという嫌疑である。大地震の震源から生まれて日本の地下を走り抜けただけではなくて、走る途中で地震の引金を引いた元凶ではないかという容疑なのである。

妖怪は、そもそも海溝での海洋プレートと大陸プレートの押しあいから生まれた「鬼っ子」かもしれない。

前に一九九七年に豊後水道で「のろまの地震」が起きた話をした。このときにも、この地震の震源から生まれた微小な地殻変動が、ゆっくりと四国や中国地方を横切っていった。

妖怪は忍び足

この妖怪が動く速さ、時速にして数メートルというのは、とても不思議な速さだ。地球の内部をなにかが岩をかきわけながら動いていくにしては途方もなく速すぎるし、一方、秒速数キロメートルで走る地震断層と比べると、けた違いに遅すぎる。

地震や台風など地球に起きる事件の常として、大きなものだけが起きることはない。たまたま大きいものだけが見えているだけなのであろう。

いま、あなたの家の下を、小さな妖怪が、音も立てずに通りすぎているのかもしれません。

8 巨大地震は冬に起きる？

現代の地震学でも解けないナゾがまだ、たくさんある。そのひとつは、春夏秋冬、どの季節に大地震が起きるのか、ということだ。

フィリピン海プレートが西南日本を載せている陸のプレートに向かって押してきている。このためマグニチュード8クラスの巨大地震が繰り返してきている。南海トラフと駿河トラフ沿いの巨大地震である。いま恐れられている南海トラフ地震も、そのひとつだ。

この一連の地震はいままでに一三回知られている。いちばん最近のものが一九四四年に愛知県と三重県の沖で起きた東南海地震と、一九四六年に和歌山県から高知県の沖にかけて起きた南海地震である。

地震が好きな季節

しかし不思議なことに、これら一連の地震のうち、春から初夏には一回も起きていないのである。東南海地震は一二月七日に、南海地震は一二月二一日、ともに冬の一二月に起きた。且体的には、一三回のうちの五回もが一二月に起きた。あとのすべても八月から二月という、秋から冬までに起きているのである。もちろん、旧暦だった時代の地震の起きた月日は新暦に換算している。

統計学という学問がある。地震学にも応用される。地震のように、毎年とか毎十年とかに決まって起きるわけではない現象では、データの確かさを数値的に表すことができる統計学が重要なのだ。「地震統計」という学問分野もある。

この統計学の計算によれば、もし、何の理由もなく「偶然」に起きる事件だとしたら、この南海トラフ沿いの地震のようにかたよってしまう可能性はわずかに二％だという。つまりこのかたよりは、統計学的に「偶然」とはほとんど考えられないのである。

好きに理由なんてない？

では、どんな理由があるのだろう。気温や水温の違いのせいだろうか。だが、地震断層は深海底の下にある。ここは深さが三〇〇〇メートル以上の深海底で、水温は気温の影響をまったく受けない。一年中、摂氏約一℃で一定なのである。

一方、海溝で衝突している相手のプレート、つまり陸側のプレートには日本列島が載っている。こちらは夏と冬で気温が違うから陸側のプレート上の日本列島の表面の温度は夏と冬で違う。

だが、じつは気温の変化が地下にしみ込む深さは、わずか数メートルもないのである。東京の井戸水の水温は年間を通して約一五℃、札幌では七℃だ。これは、それぞれの土地の年間平均気温である。つまり、季節の気温変化は地下水がある深さにさえ達していないのである。

では、気圧はどうだろう。気圧は海水を通して海底まで影響するかもしれない。気圧はもちろん日々の変動はあるが、平均すると冬の方が一〇ヘクトパスカルはど夏よりも高い。

しかし、たった一〇ヘクトパスカル、普通の気圧の一〇〇分の一というだけの違いでは、大地震が臨界状態にあったとしても「引き金を引く」にしてはあまりにも小さすぎる力しか出せないはずだ。気圧は日によってはそれ以上変動している。

つまりこれは現代の科学でも手が出ないナゾなのである。

さて、次の南海トラフ地震も、三月から七月までは起きないと安心していていいのだろうか。

9

御前崎に夏だけ巨大地震〝予兆〟

静岡県御前崎《おまえざき》。浜岡原発のすぐ近くで遠州灘と駿河湾を区切っているこの岬は、日本の地震予知でいちばん注目されている岬である。

フィリピン海プレートが沈み込むことによって、御前崎の載っている西日本のプレートが引きずり込まれ、このため尖端にある御前崎が少しずつ沈んでいっている。その大きさは五〇年間で二五センチほどだ。

状況は千葉県の房総半島の南端にある野島崎も同じで、大地震と大地震の間には沈み込みが進んでいき、大正関東地震（一九二三年）のような大地震が起きると、岬は一挙に数メートルも飛び上がる、というのを繰り返してきている。

沈みが止まった

御前崎では、いまの沈み込みが止まってその後ゆっくり上昇をはじめると、恐れられている南海トラフや駿河トラフの巨大地震が近い、というのが有力な学説になっている。このため精密な「測地測量《そくちそくりょう》」が定期的に行われて、御前崎の上がり下がりが測られてきていた。

この測量はもちろん専門家の手によるもので、細心の注意をはらって行われていた。その精度は何十キロもの測線全体でも誤差が数ミリという高いものだ。

しかし、測量の結果には不思議なことがあった。御前崎は全体としては少しずつ沈んでいくのは確かなのだが、毎年、春には沈み方が少なく、秋には多いのであった。つまり、毎年夏になると、御前崎の下降が止まったのではないか、と肝を冷やす年が続いていた。真夏の怪談――。

海の重さで海底が沈む

御前崎は海に突き出しているから、潮の満ち干の影響を受ける。潮が満ちているときには御前崎のまわりの海底に重いものが載っていることになるから、御前崎はわずかながら沈む。逆に潮が引いているときにわずかに持ち上がるのである。

精密な測量のこと、そんなことはとうに分かっていたはずなのだが、実際の測量は何日もかけて往復で行われていたので、そのあいだに何度も潮の干満がある。それゆえ満ち干の影響は平均化されて消えるものだと思われていた。げんに、月間で平均を取ってみると、潮位はどの月もそんなには違わない。

だが、巨大地震の〝予兆〟かと思われた夏の怪談のナゾがようやく解けた。意外なところに落し穴があった。

測量は標尺を目で見ながら行う野外作業だから昼間しか行われない。

ところが昼間だけの潮位の平均は、じつは一日の平均潮位とは違ったのである。

それは、月の引力はもちろんだが、そのほかに、昼間は頭の上にある太陽の引力も、潮の満ち干のひとつの原因だからである。引力の大きさは、月も太陽もほぼ同じくらいだ。

地球の公転の軌道のせいで地球から太陽までの距離が季節によって違う。このため太陽の引力による昼間だけの潮位の平均を計算してみたら、夏と冬とで六〇センチも違っていたのだ。

測地測量は地球測定のプロの仕事だ。そのプロにもぬかりがあったのである。

静岡県御前崎。灯台は高台にあるが、町は海岸沿いに拡がっている。浜岡原発はすぐ近くだ＝島村英紀撮影

10 「惑星直列」で天変地異は起こる？ 予言者たちが「凶事の前兆」

近頃、夜空の星を見たことがあるだろうか。都市部に住む読者は、まず、見たことがないだろう。世界中で都市への人口集中が続いていて、都市部の人口は先進国では二〇一〇年にすでに七〇～八〇％、二〇五〇年には九〇％にもなる予想だ。日本も例外ではない。

夜空の星を見る人は昔よりもずっと減ったが、天体では予言者を張り切らせる「事件」が続いている。

予言者は何を見るか

二〇一三年七月下旬の明け方、東の空の低いところで火星と木星が接近していて、双眼鏡の狭い視野の中に二つが揃って見えるほどだった。またそのすぐ近くに水星も見えた。つまり太陽系の三つの惑星が、ごく近くに接近しているのが見えたのだ。

この前、六月には太陽が沈んだ後の西の空に、上から順に水星、金星、木星がほぼ直線状に並んで見えた。

これら惑星が近づいて見える現象には「惑星直列」という名前がついている。これらの惑星が宇宙空間に直列に並んでいるという意味だ。予言者の間やＳＦなどの小説の世界では有名な言葉だが、じつは天文学の用語ではない。

とても目立つ不思議な現象だから、この現象が起きるときには天変地異が起きるのではないか、という予言が、しばしば行われてきた。地震、洪水、火山噴火、さらには人類滅亡といった凶事である。有名なものにノストラダムスの予言がある。

こういった惑星の運動そのものは地震の予知とはちがって、古典物理学を使えば、正確に未来を計算できる。たとえば二〇一五年一〇月二六日には金星と木星が大接近することが分かっている。惑星では最も明るい金星と次に明るい木星が地球から見る角度にして一度あまりまで近づくうえに火星もその近くまで来る。ただし、最接近は日本時間で一三時頃だから、夜にはもう少し開いてしまっている。

予言では地球が歪むというが……

また二一六一年に大規模な「惑星直列」が起きることも計算できているのである。

ところで予言者たちが予言する根拠は惑星が並んだことによる引力の影響で地球が歪むはずだということである。

だが、地球物理学の計算によれば、たとえすべての惑星が一直線に並んだとしても、その影響はあまりに小さい。たとえば海の満ち干は太陽や月の引力で起きる。その振幅は、場所によるが数十センチから数メートルほどだ。

しかし、「惑星直列」では海は一センチのわずか三万分の一しか上がらないのだ。太陽や月の引力の何十万分の一よりも小さい。これでは、たとえ大地震のエネルギーが臨界状態に近いところにあったとしても、「引き金」さえ引けない大きさなのである。

じつは一〇年あまり前にも　夕方の西の空に、五つの惑星と月が一直線に並んだことがある。このときは水星、金星、火星、月、土星、木星が並んだ。

このときには世界中で多くの予言者たちが凶事を占っていた。しかし、なにごとも起きなかったのであった。

11 建物の倒壊　東京・神保町が危ない

九月一日は防災の日で、約九〇年前の一九二三年に大正関東地震が起きた日である。首都圏直下で起きたマグニチュード7・9の地震は関東大震災を引きおこして、日本の地震史上最多の一〇万人以上が犠牲になった。

日本に起きる地震には「海溝型地震」と「直下型地震」がある。だがこれは海溝型地震だった。関東地方は海溝が陸のすぐ近くの相模湾を走っているために、海溝型地震が陸の下で起きてしまうところなのだ。

この震災の犠牲者の大部分は、地震で出火した火が燃え拡がっていったための焼死だった。大火は東京の下町を焼き尽くした。

この大火災のために、地震でどのくらいの家が倒れたのか知られていなかった。地震で倒れなくても焼けてしまった家が多かったからである。

倒壊率の調査がまとまったのは近年になってからだ。それによれば、東京・千代田区神田神保町の交差点から水道橋の駅に伸びる帯でとくに倒壊率が高い。いまの震度でいえば帯の中は震度7。まわりは震度5だったから震度階で3〜4段階も大きかったのである。

交差点のまわりは九段下から小川町、そして神田駅の先まで平地が拡がっている。しかしこの帯の中だけの被害がとくに目立った。

「わけあり」の地下

いま現場に立ってみてもビルや家がびっしり建っていて、「帯」のなんの痕跡も見えない。しかし、カギは地下にあった。江戸時代までは、この帯のところに日本橋川という川が流れていたのであった。

江戸時代にこの川の大規模な改修が行われた。江戸城を洪水から守り、江戸の港が土砂で埋まるのを防ぐための川の切り替えだった。切り替えられた川の水は、いま中央線や総武線の線路沿いにあるお堀を流れている。

中央・総武線沿いのお堀。これは江戸時代に作られた人工物だ＝島村英紀撮影

この土木工事のために江戸城も港も救われた。工事を完成した将軍は名君と讃《たた》えられたに違いない。

だが地下は、その歴史をちゃんと覚えていた。川が運んできた軟弱な堆積物の上で震度がとくに大きかったのだ。

関東大震災当時には、かつての川を埋めた平地が拡がっていて、まわりと区別がつかない住宅密集地になっていた。

住民が知らないのに、地下が昔のことを覚えている例は他にも多い。たとえば東日本大震災で東京湾岸の砂地にある千葉県浦安市では大規模な液状化が起きたが、東京湾から二〇キロ以上も内陸に入った千葉県我孫子市でも液状化が起きて一二〇軒以上の家が全壊してしまった。

じつは我孫子のこの場所は一八七〇年に近くの利根川があふれる水害が起きて沼ができていた。その後一九五二年に川底から浚渫した砂を使って沼を埋め立てて住宅地になっていたところだったのである。

首都圏には限らない。これから襲ってくる地震でも、これら「わけあり」の地下があるところは、まわりよりも揺れるに違いないのである。

12 次の「関東大震災」は意外と近い？ 三・一一が周期をリセットした疑いあり

東京に住む人たちは、ごく沿岸部は除いて、津波とは無縁だと思っていないだろうか。

しかし津波が隅田川をさかのぼって、東京の山手線で一番北の方にある駒込駅の近くにある六義園《りくぎえん》にも届いたことがある。園内のほとんどの松が塩害で枯れてしまった。

六義園は徳川五代将軍綱吉の時代の庭園で、七年の歳月をかけて完成したばかりだった。

またこの津波で両国では隅田川の渡船が転覆して多くの死者を生んだ。

その地震は元禄関東地震（一七〇三年）。前回に書いた九〇年前の大正関東地震（一九二三年）の「先代」の海溝型地震である。

歴史は別の形で繰り返す

海溝型地震は繰り返す。だが、まったく同じものが繰り返すわけではない。元禄関東地震はマグニチュード8・1〜8・2とされていて、大正関東地震（マグニチュード7・9）よりも地震のエネルギーが倍以上も大きかった。

津波も大正関東地震よりずっと大きかった。津波による死者は房総半島から伊豆半島まで数千人。なかでも小田原の被害は壊滅的で、地震と火災で小田原だけで死者は二〇〇〇人を超えた。熱海でも七メートルの津波が襲い、残った家はわずか一〇戸だった。

大正関東地震のときとは違って、鎌倉では鶴岡八幡宮も二の鳥居まで津波に襲われた。そこは海から二キロは優に離れている。

つまり震源の拡がりも地震の規模も元禄関東地震のほうが大きかったのだ。関東地震の震源は相模湾から神奈川県のほぼ全域、そして千葉県の房総半島にかけての地下に拡がっていた。一方、元禄関東地震の震源はもう少し南と東、相模トラフや日本海溝近くまで伸びていたからである。

将来起きるのは確実でも……

首都圏を襲うこれらの地震のシリーズは、海溝型地震ゆえ、また将来起きることは確かなことだ。だが、いつ起きるかが、東日本大震災以降、地震学者の間でも議論が分かれるようになってしまった。

それまでは「次の関東地震」までは少なくとも一〇〇年近くはあろうと思われていた。これは元禄関東地震と大正関東地震との時間間隔からの類推である。

しかし、東日本大震災を起こした東北地方太平洋沖地震はマグニチュード9という途方もない大きさだった。これが日本の少なくとも東半分の地下をリセットしてしまった疑いが強い。まだまだ、と思われていた将来の地震が意外に近いかもしれないという考えが出てきているのである。

もし起きて「先代」なみの大きさならば、震害だけではなくて、相模湾や房総の沿岸には人津波が押しよせるかもしれない。

それだけではない。別の「事件」を誘発する可能性も否定できないのである。元禄関東地震の四年後に、いま恐れられている南海トラフ地震の、これも先代である宝永地震（東日本大震災なみの巨大地震）が起きたのだ。同年に富士山も噴火した。学問的な関連は分かっていないとはいえ、気味が悪い連鎖である。

13 地震が生み出す新たな陸地

地震は疫病神のように恐れられている。しかし、そう言うには気の毒なこともある。

西日本から羽田空港に着陸する飛行機は、伊豆大島の真上を抜け、房総半島の南部をかすめながら左旋回して東京湾を横切って、空港に南から進入することが多い。

そのときに房総半島の南端部に階段状の地形を見た人も多いだろう。階段の幅は数十メートルから数百メートル、段差は一〇メートル弱のものが四段ほど見えるはずだ。階段全体としては一〇階建てのビルほどの高さだ。海岸段丘という。

これはちょうど九〇年前の九月一日に関東大震災を起こした大正関東地震（一九二三年）やその先代の関東地震が繰り返したことで作ってくれた陸地なのである。地震のたびに、それまでの海底が飛び上がって新しい陸地が増えてきたのであった。

増えた土地はどれくらい？

この階段は房総半島南端の西部にある館山市から、半島の南端をまわって東側の南房総市千倉《ちくら》まで三〇キロも続いている。つまり東京ドーム三〇〇個分もの広さの土地が、地震で増えたことになる。

一回の地震で海底が飛び上がって陸地になった高さは、たとえば半島南端の野島崎で大正関東地震のときに一・八メートル。その先代の元禄関東地震（一七〇三年）のときにはずっと大きく五メートル。これは地震が大きかったせいである。

なお、ここにある野島崎灯台は大正関東地震で下から五分の一ほどのところで折れて倒壊してしまった。この灯台は東京湾に出入りする船にとって重要な目印なので、洋式灯台としては観音埼灯台（神奈川県横須賀市）に続いて日本で二番目、一八七〇年に点灯したものだ。設計したのはフランス人技師だった。

この灯台が立っている野島崎は、元禄関東地震のときにそれまでは沖合の島だったのが、陸地とくっついたものだ。

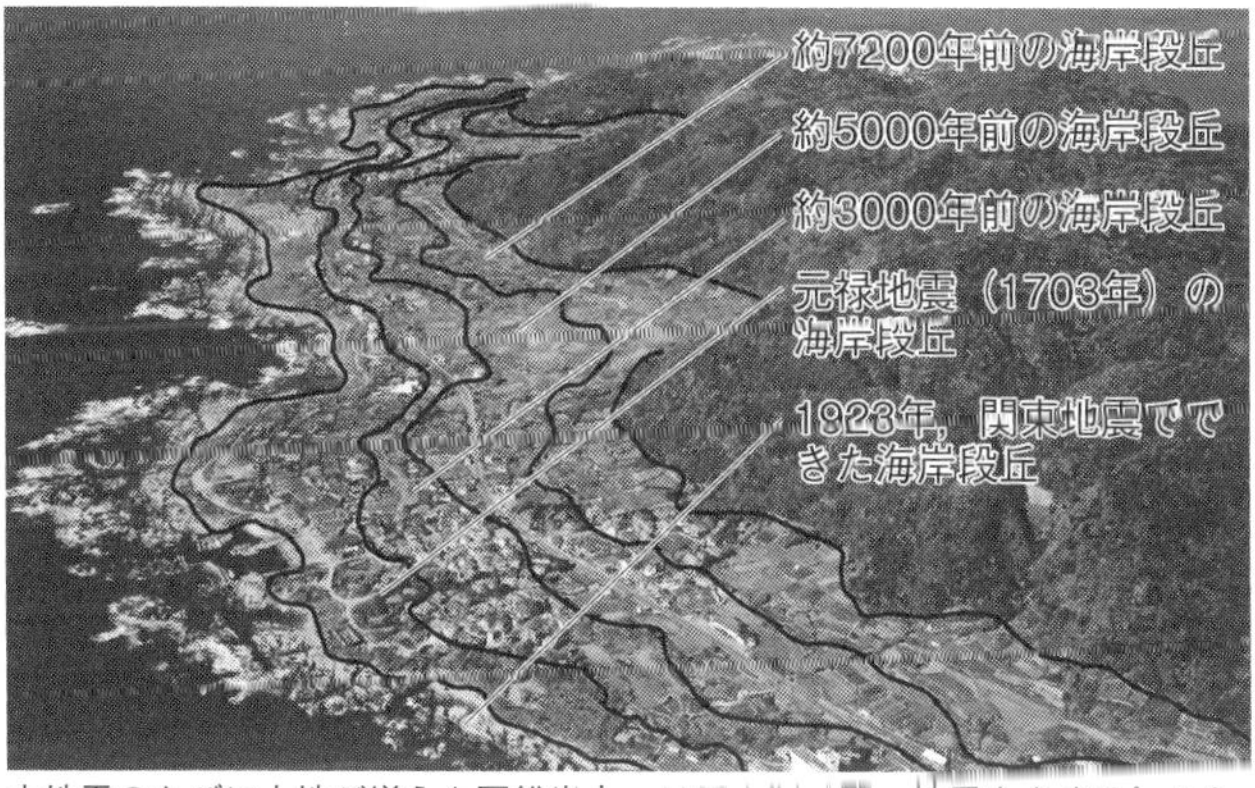

大地震のたびに土地が増えた房総半島。島村英紀『新・地震をさぐる』から

新しく土地が生まれたとき

元禄関東地震で新しく生まれた土地を村人が平等に分けたという伝承がある。水田のほか、畑にしたり、イワシや網の干場にしたことも記録されている。一方、隆起した陸地が増えたために村境争いが起きるなど、いろいろな悲喜劇があった。

いま観光客に人気の和田や白浜など南房総市のお花畑は、もと海底、いまは海岸段丘になっている平地に拡がっているものだ。

ところで元禄関東地震よりもっと先代の地震のことは歴史史料には残っていない。このため正確にはいつ起きた地震か、どんな地震だったのかは分かっていない。

しかし段丘の地球科学的な調査からは、少なくともあと三回、元禄関東地震なみの大地震があって、同じくらいの大きさの海岸段丘が作られたことが分かっている。今から約三〇〇〇年前、約五〇〇〇年前と約七二〇〇年前だ。そのほかに、大正関東地震のときなみの小さめの段丘がそれぞれの間にはさまっている。

この関東地震のメカニズムは海溝型地震だから、日本人が日本に住み着くはるか前から、何千回も繰り返してきている。私たちは、そのうちで、ごく近年のものだけしか知らないのである。

14 首都圏のごく浅いところに「地震の巣」——安政江戸地震の新事実

関東大震災を起こした大正関東地震（一九二三年）とその「先代」について話してきた。これらは日本を襲う二種類の地震のうちのひとつ、「海溝型地震」である。

しかし、首都圏を襲う地震はこれだけではない。もうひとつの種類「直下型地震」も、甚大な被害をたびたび生んできた。

たとえば直下型地震としては日本最大の死者数、約一万人を生んだのは一八五五年（安政二年）の安政江戸地震だった。直下型ゆえ、被害は直径二〇キロあまりの狭い範囲に集中していたが、そこにちょうど江戸の下町があったのが不幸だった。

江戸時代の極秘事項

なかでも被害が大きかったのが江戸城の外濠に囲まれた区域で、老中や大名の屋敷が立ち並んでいたところだった。小川町、小石川、下谷《したや》、浅草や日比谷の入江埋立地、本所《ほんじょ》、深川といった埋立地でも被害が目立った。

しかしこれでも死者数は過小だという説がある。町の住民についてだけは町役人の公式報告がある。だが諸国からの出稼ぎ者、流入窮民などの実態は分かっておらず、それゆえ公式報告から漏れた可能性が大きいからである。

そもそも江戸にあった各藩の屋敷にいた武家人口そのものが秘密であったうえ、各藩にとって、いわば弱みをさらけ出すことになる死傷者数は極秘事項だったこともある。

水戸藩では小石川、駒込、本所の三ヶ所にあった藩邸がすべて壊滅的な被害をこうむって、藤田東湖と戸田蓬軒という藩主・水戸斉昭の両腕の名士が圧死した。西郷隆盛は師と仰いだ藤田東湖の死を知って興奮のあまり自ら髷《まげ》を切ろうとしたが、同僚に止められたという話が残っている。

震源はどこ？

ところで、当時は地震計はもちろんなかったから、正確な震源の位置や深さは分からない。

だが被害の分布から見れば震源は明らかに荒川の河口近くにあった。

一方、震源の深さは比較的深いのではないかという学説が強かった。震源が深いほど、遠くまで強い震度が伝わる。震度4相当の揺れだった地域が五〇〇キロ以上も離れた宮城県石巻、新潟県、岐阜県、愛知県豊川といった広い範囲に広がっていたことが根拠だった。

ところが最近の研究で、この地震は浅い地震だったことが明らかになった。震源が浅くても遠くまで伝わる「地殻内トラップS波」の存在が証明されて、遠くまで強い揺れが伝わったナゾが解けたからだ。この地震が北米プレートの浅い地殻内で起きたのが分かったことになる。

「地殻内トラップS波」とはS波が地殻のなかで全反射を繰り返すことで遠くまで減衰しないで伝わっていく特別な地震波だ。阪神淡路大震災（一九九五年）や鳥取県西部地震（二〇〇〇年）のときに震源から数百キロも離れたところでも震度3〜4という地震の規模（ともにマグニチュード7・3）のわりには大きな震度が記録されたことで明らかになった。

つまり首都圏には、ごく浅いところにも「地震の巣」があって、安政江戸地震を引きおこしたのだ。

15 首都大混乱！「東京地震」の恐怖——首都圏の「地震の巣」その二

「東京地震」という名前がついた唯一の地震がある。一八九四年（明治二七年）に東京直下で起きた地震で、大正関東地震（一九二三年）以外では近年最大の被害を東京にもたらした直下型地震である。死者数は三一。神田、深川、本所といった下町で被害が多く、なかでも煉瓦《れんが》造りの建物と煙突の損壊が目立った。

明治時代の文明開化で西洋風の煉瓦建築が首都圏で増えてきていた。欧州など地震がない国では煉瓦造りとは煉瓦をたんに積んだだけの建築だ。それをそのまま真似た日本の洋風建築がいかに地震に弱いものであるかを露呈した。日本の耐震建築の一里塚になった地震でもあった。

当時東京には地震計が三ヶ所しかなかったので正確な震源は分かっていない。だが震度の大きかったところから考えると、震源はいまの東京都の東部だったと思われる。

地震が怖かった文豪

小説家の谷崎潤一郎は東京の下町の自宅で被災した。「幼少時代」に体験を書き残しているが、よほど怖かったのであろう、この地震で谷崎は地震恐怖症になったと告白している。谷崎は後に横浜山手の自邸を特別強く造ったので、大正関東地震では無事だったが、家は類焼してしまった。そして、地震後に京都に移住した。

東京地震のマグニチュードは7弱と推定されている。しかし不幸中の幸いで震源が四〇～七〇キロと深く、そのために地震の大きさのわりには被害が少なかった。ところで震源が浅いと余震が多く、震源が深いと余震が少ない。この地震も震度3のものが二回しかなかった。谷崎には幸いだったろう。

大都会は地下も複雑なご様子

首都圏の地下はとても複雑だ。東から潜り込んでいる太平洋プレートと首都圏が載っている北米プレートの間に、さらに三つ目として南からフィリピン海プレートが潜り込んでいる。

この地震はフィリピン海プレート内部で起きた地震ではないかという学説が強い。太平洋プレートとフィリピン海プレートの境界で起きたという説もある。いずれにせよ、複雑なプレートの動きが起こした、首都圏直下でしか起きない地震だった。

やや深いこの震源も首都圏の地震の巣のひとつだ。じつは同じ巣の地震が二〇〇五年七月に首都圏を襲っている。都内で一三年ぶりの震度5になった地震だ。六万四〇〇〇台ものエレベーターが止まって多くの人が閉じ込められたり、多数の電車が長時間運転が止まって首都圏が大混乱におちいったのを覚えている人も多いだろう。

この地震の震源は東京湾北部から千葉県側に少し入ったところの地下深くだった。この地震は幸いマグニチュード5・8と大きくはなく、深さもやはり七〇キロと深かったから、この程度の「被害」ですんだ。

しかし、この地震の巣でもエネルギーが一〇〇倍以上も大きい地震が起きる可能性がある。

明治時代よりも住宅密集地が増え、地震に弱いインフラもまた増えた現在では、次の「東京地震」がもし来れば、はるかに大きな被害を生んでしまうかもしれない。

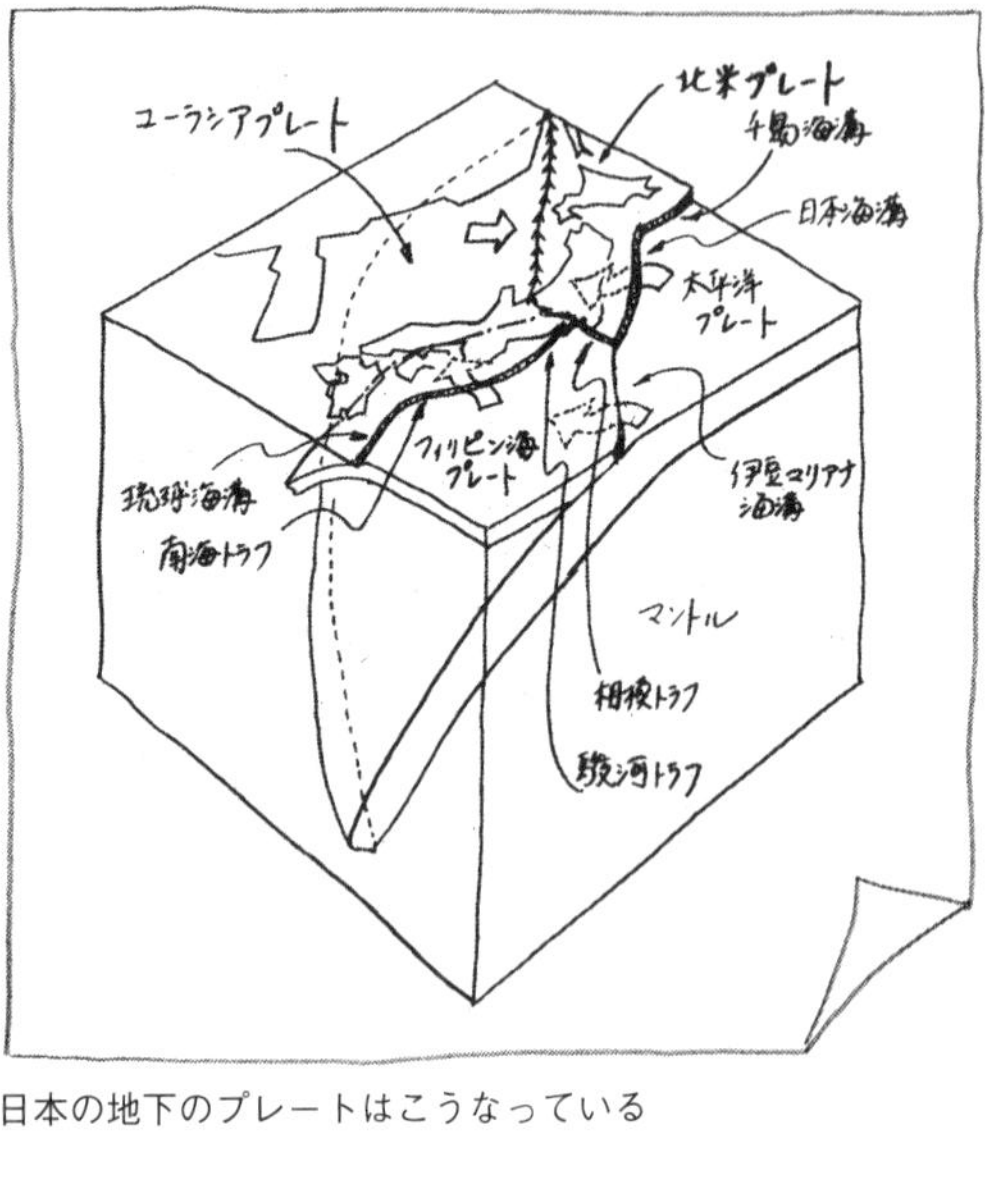

日本の地下のプレートはこうなっている

16 首都圏の地震　少ないのは異例

人は一生の間に何度の大地震を体験するものだろうか。
大正時代までの首都圏では、人々は四、五回以上の大地震を経験することが多かった。

私の友人は何世代にもわたって東京の下町に住んでいるが、その家には曾祖母の言葉が言い伝えられている。「大正関東地震（一九二三年）の揺れは大したことはなかった、（四九頁に書いた）安政江戸地震（一八五五年）のほうがよほどすさまじかったよ」という言葉だ。曾祖母はこのほか前に書いた東京地震（一八九四年）も体験していた。

曾祖母は関東地震のあと、東京が炎上するさまを見ながら「安政のときは揺れはすごかったのにこれほど燃えなかったのにねえ」と言っていた。都市化することとは、たとえ同じ大きさの地震に襲われても「震災」が大きくなることなのである。

たしかに、東京の下町の揺れは、直下型地震である安政江戸地震のほうがすさまじかった。また直下型ゆえ、短周期の強い揺れが特別に大きかった可能性が高い。

当時はいまよりも日本人の平均寿命ははるかに短かった。それでも一生の間に何度も大地震に遭ったのである。

不穏な地震状況

じつは首都圏の地震は、大正関東地震以来、不思議に少ない状態が続いている。

厳密に言えば、大正関東地震後六年間だけはマグニチュード6クラスの地震で東京で震度5の地震が三つあった。

しかしそれから大地震がぱったりなくなった。約六〇年後の一九八五年の茨城県南部に起きたマグニチュード6・0の地震まで震度5を感じたことは一度もなかったのである。その後も二〇一一年の東日本大震災のときの5強まで二回しか震度5がなかった。

だが大正関東地震以前は違った。江戸時代から大正時代には、地震ははるかに多かった。江戸時代中期の一八世紀から二四回ものマグニチュード6クラス以上の地震が襲ってきていたのだ。平均すれば、なんと六年に一度にもなる。

地震の長期休暇

以前、元禄関東地震（一七〇三年）の話をした。大正関東地震の「先代」で、同じ海溝型地震である。じつは、この地震の後も数年の間だけ大地震が続いた後、ぱったり地震がなくなった期間が約七〇年ほど続いたのだった。

そして、その「休止期間」のあと地震が増えて、二四回もの大地震がたびたび襲ってきたというわけなのである。

大正関東地震から九〇年たった。もし元禄関東地震のあとで何かの理由で「休止」したとすれば、やはり海溝型地震である大正関東地震でも同じ理由で「休止」した可能性がある。今は「休止」がそろそろ解けだしたとしても不思議ではない時期に入っているのである。

地球物理学的に考えれば、首都圏が大正関東地震以来「静か」なのは異例だ。むしろ、もっと地震が多いのが普通なのである。

17 あいまいな「立川断層」の危険度

大正関東地震（一九二三年）をはじめ、安政江戸地震（一八五五年）、明治東京地震（一八九四年）など、首都圏を襲ってきたいくつかのタイプの地震について話してきた。これらは地震が起きた年も、その被害も分かっている地震だ。

だが、首都圏を襲う地震はこれらのタイプだけではない。起きたことは確かなのだが、いつ起きたか分からない地震もある。

たとえば立川断層という活断層が起こした地震がある。

この立川断層で知られている最後の地震は約二万年より後で約一万三〇〇〇年前より前と、なんとも曖昧なのだ。もちろん日本人が日本に住み着く前だ。一方、平均活動間隔も一万～一万五〇〇〇年程度としか分かっていない。

立川断層の特徴

立川断層は埼玉県飯能市から東京都青梅市、立川市を経て府中市まで続いている。長さは三四キロほどある。

この立川断層が一般に知られるようになったのは、政府の地震調査委員会が二〇〇九年に全国での要警戒七活断層のひとつにしたからだ。選んだ基準は、活断層の近くに家が建てこんで人口密集地になっているうえ、マグニチュード7・4程度の地震を起こす可能性があるというものだった。

このため政府はこの断層のトレンチ法という調査を行った。トレンチ法とは、土木機械で土地を掘り下げて地層の断面を調べる調査である。普通は都会では出来ないが、幸い自動車工場が撤退した後の広大な空き地があったので可能になった。カルロス・ゴーン氏が日産自動車の赤字解消のために売り払った工場だ。

地下で地層がずれていることが見つかれば過去の地震歴が分かる。

立川断層の真相

トレンチの語源は軍隊が掘る塹壕《ざんごう》だ。ここでも長さ二五〇メートル、深さ一〇メートルもの巨大な塹壕のような溝を掘った。また三次元探査やボーリング調査も実施するなど、多額の費用を投入した大規模な調査だった。

しかし、報道されたとおり、調査結果はみっともないものになってしまった。学者が地震によってずれたと判断した根拠になった白っぽい岩は、じつは自動車工場がかつて打ち込んだ建物の杭《くい》だということが外部から指摘されたのである。

政府によれば、今後三〇年間でのここでの地震発生確率は〇・五〜二%、五〇年間で四%程度という。

ここに限らず、それぞれの活断層が将来、地震を起こす確率は、このようにごく低いものだ。三〇年間、つまり世代が交代するまでにたった二%というのでは、数字をわざわざ出すことはほとんど無意味だと私は思う。

じつは活断層に関する学問は、ある活断層がどのくらいの長さだけ続いているのか、過去にどのくらいの活動歴があったのか、そして、そもそも活断層なのかどうか、といった根本的な解釈が、学者によってちがう。数学や物理学のように、絶対の正しさが客観的に期待される学問ではないのである。

18 立川断層の地震予測も外れか　穴だらけの地震年表

前にも騒ぎを起こした首都圏の活断層・立川断層が、その後、またも話題に上っている。

立川断層では二〇一二年から活断層の大規模な発掘調査が行われた。そのときに東大地震研究所の先生が恥をかいたことがあった。かつての自動車工場の基礎の杭を、自然の岩が過去の地震で断ちきられたものと判断してしまったのだ。

そして、二〇一四年五月の東京都瑞穂町での調査で一四～一五世紀以降に大地震があったとの結果が報じられた。同町の狭山神社の境内。先の工場跡とは別の場所だ。

新たな調査結果からわかること

政府の地震調査委員会は立川断層を次の発生が近づいている危険性の高いものに分類している。この断層帯では一万～一万五〇〇〇年の間隔で地震が発生しているが、この一万三〇〇〇年以上も地震が起きていないためだという。しかし、もし数百年前に地震があったのなら、この想定がまったく違ってしまう。

この瑞穂町の調査では、そのほかにも過去一万年以内に少なくとも一回以上の地震があったこともわかったという。これらが本当ならば、立川断層が起こす「次の地震」ははるか将来ということになる。

さて、数百年前に大地震が起きたのなら、いままでにどうして知られていなかったのだろうか。

そうなのだ。過去の地震についての「地震の年表」は労作だがじつは抜け穴だらけのものなのである。

日本で、地震計を使った地震観測が始まったのは明治時代だ。もっと昔の地震について知るためには、昔の記録や日記を読んで地震の歴史を調べる地味な調査をしなければならない。

古文書を読み解く地震学

これら各種の歴史に書かれている地震のことを歴史地震といい、このようなことを研究している学問は歴史地震学、あるいは古地震学という。

寺や役場が残している文書を読むことが多い。

寺の過去帳のように、いつ誰がどんな原因で亡くなったかを記録している古文書は、過去の地震や津波の貴重な記録なのである。かび臭い蔵にこもって古い文書の頁を繰っている一群の地震学者がいるのだ。

ところが、この調査には多くの問題がある。

地震計の記録と違って震源地も分からない。被害が大きかったところを震源地とすることが普通だ。だが被害記録が多いところがかならずしも震源ではなくて、人が多く住んでいる場所だったりする。

古くから都のあった近畿地方では歴史の史料が豊富で数多くの地震が記録されている。一方、歴史の史料がそもそも少ない地方では歴史に残った地震の数も少ない。

それゆえ記録に残っている地震が少ないことは、その地方で発生した地震が少ないということではない。歴史の史料の質や量が時代や地域によってまちまちなので、全国で均質な調査とはほど遠いのである。

立川断層のまわりも、人地震が起きてもなんの記録も残っていなかった。いまは住宅密集地や巨大な米軍基地になってしまったが、数百年前には無人の原野だったのだ。

19 伊豆小笠原海溝でマグニチュード8か「慶長地震」が呼ぶナゾ

南海トラフに大地震が起きるのでは、という怖れがある。起きれば東日本大震災（二〇一一年）なみの超巨大地震かもしれない。

南海トラフの大地震は過去に一三回知られている。日本の大地震では古くまでたどれるほうで、このため「次」の地震の予測がしやすいのでは、と考えられてきた。

しかし最近、この一三回のうちでもカギを握る大地震がじつは別のものではないかという論争が始まっている。

その地震は一六〇五年に起きた「慶長地震」。一七〇七年に起きた超巨大地震、宝永地震のひとつ先代の地震である。

宝永地震の規模

宝永地震は最近の見直しでは東日本大震災なみの大津波を生んだ超巨大地震ということになった。そのうえ地震の四九日後に富士山が大噴火した。この富士山の噴火は現在に至るまでの最後の噴火である。

宝永地震では震度6以上の地域がいまの静岡県から九州まで及んだ。津波は最大の高さ二六メートルに達した。

津波は伊豆、八丈島から九州にわたる太平洋海岸だけではなく瀬戸内海や大阪湾まで入り込んだ。また済州島や上海でも津波の被害をもたらした。

宝永地震の後にも、安政地震（一八五四年）や東南海地震（一九四四年）、南海地震（一九四六年）が起きたが、これらよりも宝永地震が群を抜いて大きな地震だったことは間違いがない。

そこで慶長地震がカギを握ることになる。この地震は宝永地震なみの超巨大地震だと思われてきたからだ。これから約一〇〇年しかおかないで宝永地震が起きたことは超巨大地震のエネルギーがそんなに早く溜まる可能性を示す。これは今後襲って来る超巨大地震の見積もりにも関係することだ。

カギをにぎる慶長地震の特徴

ところが慶長地震がじつは南海トラフに起きたのではなくて、八丈島のはるか南、伊豆小笠原海溝の鳥島近辺で起きたのではないかと指摘され始めている。伊豆小笠原海溝は首都圏から南に延びている。西南日本に沿って西南に伸びている南海トラフとは別のものだ。

もともとこの慶長地震では津波による溺死者が約五〇〇〇～一万人と甚大だった割には、地震による揺れ、とくに西日本での揺れが小さいのが不思議だった。

この慶長地震が伊豆小笠原海溝で起きたとするとこの疑問は氷解する。だが、途方もなく大きな地震でないと慶長地震のときの広い範囲の大津波が説明できないのである。

この論争は根拠になる資料が少ないので、簡単に決着がつくものではない。しかし、それによっては南海トラフの今後の超巨大地震の行方も左右する。

だがそれだけではない。いままで伊豆小笠原海溝にはマグニチュード8を超えるような大地震は起きないと地震学者は考えていた。歴史地震も知られていなかったし、海溝から潜り込む太平洋プレートの角度がほかの場所とは違って急だったからだ。

四〇〇年も前の地震が、日本をこれから襲う大地震のカギを握っているのである。

20 人間＆社会ドラマを読み解く古地震学

古地震の研究はいろんなところでつまづくことがある。

古地震学で難しいことは、報告が地域的に偏在していることだ。西日本に比べて東北地方や北海道は古い報告がごく少ない。とくに北海道は先住民族が文字を持っていなかったために地震の歴史は一五〇年ほどしかたどれない。

本州でも、ある藩では記録が行き届いているのに、同じ地震でかなりの被害があったはずの隣の藩はほとんど報告がないことがある。

お役所のご都合にあわせて

記録をきちんと書き残しているかどうかという藩としての文化の違いもある。しかしそのほかに、地震の被害を書き残すことが藩の弱みを見せることになるという政治的配慮が働くことがある。逆に、幕府からの災害の復旧の金や年貢の減額を期待して誇張した文書もある。

つまり地震の記録が残っていることにも、また残っていないことにも当時の事情が反映されているのだ。地震学から言えば、こういった記録の偏在があると、震源の位置や地震のマグニチュードの推定が違ってきてしまうので、とても困る。

マグニチュードは被害や揺れが及んだ範囲から推定されるし、震源は被害がいちばん大きかったところだと推定される。被害や揺れが震源から遠ざかると減っていく。震源の深さは、その減り方が多いか少ないかから推定する。震源が深いと、遠くへいっても揺れが小さくなりにくいからだ。それゆえ古地震学では、書き残された記録から紙の「裏」を読んだり、人間と社会のドラマを読みとることも必要なのである。

こうした古地震研究の結果、日本だけではなくて世界でいくつかの地震の表が作られている。

地震学者も人間

だが表がいつも正しいわけではない。もっとも権威があると思われている古地震学の表に「一三万七〇〇〇人が亡くなった北海道の大地震」という記録が載っている。

時は一七三〇年一二月三〇日。こんな時代に、これほどの犠牲者を出すほどの人口が北海道にあったのだろうか。

このナゾは近年にようやく解けた。これは江戸で大被害を出した元禄関東地震の誤記だったのだ。元禄関東地震は西暦一七〇三年一二月三一日に起きた。地震学では世界標準時（UTC、かつてグリニッジ標準時と言われていた）で地震の日時を表すのが普通だから、国際的には一二月三〇日になる。そして学者が一七〇三を一七三〇と間違えた。そればかりではなくて、エド（江戸）をローマ字で書くと一文字しか違わないエゾ（蝦夷）に間違ったものだったのである。

また一七三七年にはカムチャツカ（ロシアの極東）に巨大な地震津波が発生して死者三万人という記録もある。これも権威ある表に載っているので、地震学の教科書に引用されている。ところがこれは、その表が元にした原典で一行あとにあったコルカタ（インド。かつてカルカッタと呼ばれた）の地震の死者数を間違えて写してしまったものだということが分かった。

学者といえども人間。ありそうな書き間違いではある。

寺が残している過去帳は古地震学の貴重な文献だ（1741 年、北海道西岸の津波の死者。北海道・江差にある法華寺で）＝島村英紀撮影

21 パキスタンと日本の意外な関係

二〇一三年九月二四日にパキスタンでマグニチュード7・7の大地震があった。険しい山岳地帯で集落が散在しているところが多く、被害の全貌はその後もつかめていないが、時間がたつにつれて死者数百人以上という大きな被害が明らかになってきた。発生四日後にも大きな余震があって、また死者を増やした。

この地域に限らず、木が生えていない南・西アジア各地では「日干し煉瓦」という泥を乾燥させただけの煉瓦を積み上げた家が多い。地震の死者が多くなる理由だ。

意外な影響

日本にとって関係がない事件だと思うかも知れない。だが地球物理学から見れば、じつはこの地震は日本の梅雨にも関係しているのである。

「インド亜大陸」というプレートがある。いまの国名でいえばインドやパキスタンやネパールを載せた逆三角形のプレートだ。

このプレートはもともと南極にあったが、しだいに北上してきたプレートである。約五〇〇〇万年前に赤道を越えたあとも北上を続け、一〇〇〇万年あまり前にユーラシアプレートに衝突した。つまりいまの位置にくっついたわけだ。

しかしそれだけではなかった。このプレートはさらに北上を続けようとしている。このため、インド亜大陸のプレートと、衝突されたユーラシアプレートがめくれ上がった。こうして出来たのが、ヒマラヤ山地とチベット高原なのである。世界最高峰、エベレストの山頂には貝の化石がある。ここはかつて海底だったのが持ち上げられたのだ。

このプレートの衝突のせいでパキスタン地震が起きた。いや、この地震だけではない。二〇〇五年にもマグニチュード7・6の大きな地震がパキスタンを襲って、確認された死者だけでも九万人以上という大被害を生んでいる。

それだけではない。二〇〇八年に中国南西部で起きた四川大地震（マグニチュード7・9）も、逆三角形をしているインド亜大陸の北東の端で起きている。北西の端で起きたパキスタン地震と同じ構図なのである。この四川大地震では多くの学校が潰れるなどして九万人以上の死者を生んでしまった。

地球はつながっている

ところで、こうして出来たヒマラヤ山地とチベット高原は、地球が自転しているためにいつも東向きに上空を吹いている偏西風《へんせいふう》をさえぎることになった。

偏西風の通り道は季節によって南北に動く。初夏にはこの偏西風がちょうどヒマラヤ山地とチベット高原にあたって南北に分断されることになる。

こうして二つに分かれた偏西風がずっと東、日本まで来て合わさる。そして合わさったことによって気圧が高くなって冷たいオホーツク高気圧を作る。

このオホーツク高気圧と日本の南方海上にある暖かい小笠原高気圧の間に梅雨前線ができる。かくて中国の東部から日本まで、梅雨の雨が降るというわけなのである。

地球はつながっている。日本に住む地球物理学者としては、パキスタンの地震は他人事ではないのだ。

中国南部から中近東まで広く使われている日干し煉瓦は地震に遭ったらひとたまりもない。イランの地震被害＝島村英紀撮影

22 一回だけ起きた奇妙な大地震

ヨーロッパではギリシャやイタリアなどだけに地震があると思われている。だがそのほかの国でも地震が起きて、スイス北部にある大都市、バーゼルが壊滅したことがある。

不思議な地震だった。もともとスイスには大地震は少ない。精密な歴史が残っている国だから過去八〇〇年間に約一万の地震が知られている。そのうち、マグニチュードが6以上のものはせいぜい五、六個しかない。だが一三五六年に起きたこの地震だけはずっと巨大で、マグニチュード7・1だったとする研究もある。

この地震で城壁に囲まれたバーゼルの市街地は壊滅的な被害を受けた。近隣三〇キロメートル以内の城や教会も倒壊した。

この地震より前に大地震が起きた記録はなく、その後現在に至るまで、この近辺に大地震は起きていない。

歴史も動かした大地震

一回だけ起きた大地震はほかにもある。たとえば一七五五年にポルトガルのリスボンの沖に起きたリスボン大地震もその仲間だ。マグニチュード8・5〜9・0の巨大地震だった。

この地震では当時のリスボンの人口二八万人のうち九万人もが死亡した。地震の揺れや地割れによる被害に加えて、約四〇分後に襲ってきた大津波が市街地を呑み込んで被害を拡げ、さらに火事が燃え広がって欧州史上最大の自然災害になってしまった。

ポルトガルは多くの教会を援助し、海外植民地にキリスト教を宣教してきた敬虔なカトリック国家だった。その首都リスボンが、万聖節というカトリックの祭日に地震に襲われて多くの聖堂もろとも破壊されてしまったのだ。

このため一八世紀の神学や哲学にも強い衝撃が及んだ。この大地震はポルトガルだけではなく広くヨーロッパの政治や経済や文化にも大きな影響を与えた。

国王ジョゼ一世は幸い怪我ひとつしなかった。しかし地震の後、王は閉所恐怖症になってしまって、石造りの壁に囲まれた部屋で過ごすことが出来なくなって宮廷を郊外の大きなテント群に移した。閉所恐怖症は死ぬまで治らなかったという。

日本のように地震が繰り返す国と違って、ヨーロッパでは地震はめったにない。だが、このような散発的な大地震が起きるところでもある。

地震調査の限界

フィンランドの原発で出る核廃棄物を地下に埋設して処分するために、同国南西部でオンカロ処分場の工事が進んでいる。花崗岩に深さ約五〇〇メートルものトンネルを掘って処分場を作っているのである。

ここでは一〇万年後までの廃棄物貯蔵を考えているという。過去の近隣の地震はもちろん調べた。しかし過去といっても一四世紀までしかたどれない。

ところで、現在の地震学は、一〇万年先まで絶対に大地震が起きないと保証できるレベルではない。バーゼルやリスボンをたまたま襲った地震も、今度はヨーロッパのどこを、いつ襲うことになるのか、まったく分かっていないのである。

1755年に起きたリスボン大地震

23 ナマズが誇る〝電場感知〟――文明が能力鈍らせる

ナマズが地震を予知するのでは、と長らく信じられてきた。いや、昔の迷信と片づけてはいけない。神奈川県水産技術センターでは研究を続けたことがある。

研究は本格的で、大きな水槽に五、六匹を入れたほか、もっと自然に近い環境もということで小学校のプールの半分もある大きな庭の池に三〇数匹のナマズを放した。ナマズを四〇匹も飼って、一九七九年から六年間、

こうして地震の前にナマズがどんな行動をするかを昼夜監視した。もちろんナマズに「気づかれても」まずいので、池では超音波を使った魚群探知機や、水槽では可視光線を使わない光電管を使って、ナマズの動きを無人で記録したのであった。

ナマズの餌は生きた淡水魚、モツゴ（クチボソ）を与えたが、魚群探知機に映らないよう、小さめのものを与えた。一方水槽ではナマズの行動を観察する光電管が生きたモツゴも感じてしまうので、こちらのナマズは死んだモツゴだけを与えられた。

だが、これだけ周到な研究環境を整えても、だめだったのだ。

発生した地震を池のナマズが予知してくれたことは皆無だった。一方、水槽のナマズはときどき活発に動いて光電管に記録されたが、そのうちわずか七％だけが地震の前に動いたものだった。別の原因で動いたのがほとんどだったことになる。

ナマズの地震予知はやはり迷信だったのだろうか。

ナマズはスゴイ！

しかし近年の生物学はナマズがあまたの魚とは違う能力を持っていることを明らかにした。それは電場を感じる能力だ。ナマズにはうろこがない。肌には多くの小さな穴があり、この一つ一つが電場のセンサーなのだ。

箱根の芦ノ湖くらいの湖に小さな電池一個を投げ込んだときの電場の変化でも、湖の反対側にいるナマズはじゅうぶん察知する。この能力はサメがほぼ匹敵するだけで、ほかのあらゆる魚は遠く及ばない。

小魚が水中で呼吸するとき、ごく弱い電場を作る。ナマズの視力は弱い。夜行性のナマズは、小魚が図らずも作ったその電場だけを頼りに、暗やみで小魚を襲って食べるのである。

地球物理学者の一部が研究しているように地球の中の微弱な電流の流れ方が地震や噴火のと

きに変われば、ナマズがいままで経験したこともない異常な電場を感じて飛び上がっても不思議ではない。実は人間が作るセンサーの感度はナマズにかなわないのである。

ナマズも迷惑

ところが、ナマズにとっても学者にとってもセンサーの敵は文明なのだ。私たちが電気を利用するようになってから、地中を流れる電流がけた違いに増えてしまった。発電や送電や、電車や電気器具の使用で電流が地中に流れ込むせいだ。

ギリシャで地震予知が成功しているとされるが、最近では、いままで地震予知に成功したといわれた電流の信号は、すべて人工的な原因だったという研究もある。

自然界のナマズは危険を回避できなくなっただけではない。もしかしたら、餌をとるのにも大いに迷惑しているのかもしれないのである。

24 国内に三ヶ所の地震多発地帯

転勤族の多い札幌や福岡にいたら、東京から来た人に「最近、いつ地震を感じましたか」と聞いてみるといい。「えっ、そういえば近頃、地震を感じていないなあ」という答えが返ってくるはずだ。

東京で地震（有感地震＝人間が感じる地震）を感じる回数は、年によって違うが年間に三〇回ほど。これは、普通は二週間もあかないで地震を感じるということだ。それに対して、札幌や福岡では年に五回もない。

日本全体で見ると、大地震の余震を除けば、少ないところでは年二、三回しかない。北海道の北部や西部、中国地方の日本海側、それに徳島県から瀬戸内海を横切って北九州へかけての地方といったところだ。

地震が多い場所

一方、年に五〇回以上も地震を感じているところが日本に三ヶ所ある。釧路から根室にかけての太平洋岸がそのひとつだ。ここは千島海溝という世界でもっとも地震活動がさかんな海溝に面しているから地震が多い。ここでは太平洋プレートが北米プレートと衝突している。

もうひとつは和歌山市の周辺の狭い地域だ。ここは大地震は起きないが小さい直下型地震がよく起きる。このため東京帝大（いまの東大）の地震学者だった今村明恒がかつて私財を投じて地震観測所を作った。この観測所は東大地震研究所が引き継いで研究を続けているが、なぜここに地震が集中するのか、いまだに分かっていない。

地震を封じる霊石

そしてもうひとつは、茨城県南西部から千葉県北部にかけての地域だ。

ここに地震が多いことは江戸時代以前から知られていた。ナマズが地震に関係があることも広く信じられていた。また当時はナマズは地震を予知するばかりではなくて、地震を起こす元凶だとも考えられていた。

このため、茨城県鹿嶋市の鹿島神宮と千葉県香取市の香取神宮にそれぞれ「要石《かなめいし》」という石が埋まっていて、これが地下のナマズを押さえているといわれている。

要石そのものは、地上には十数センチしか出ておらず、見える直径も四〇センチほどの小さなものだが、地下深くまで達している「霊石」である。古墳の発掘をしたことでも知られる水戸黄門（徳川光圀）は好奇心が強かったのであろう、要石のまわりを掘らせてみたが、夜に作業を中断すると掘ったはずの穴が朝には埋まっていた日が続いた。このため昼夜兼行で七日七晩掘り続けたが、ついに石の底には達しなかったという。一七世紀のことだ。

　現代の科学で見ても、首都圏の地下はプレートが三つ（太平洋プレート、北米プレート、ユーラシアプレート）も入りこんで衝突しているところだから地震が多い。なかでも茨城や千葉は、地下で歪みが溜まりやすいところなのである。

　これほど多くのプレートが衝突しているところは世界でも珍しい。首都圏に住む人々は日本有数、いや世界有数の地震多発地帯の上に住んでいることになる。

地震が起きないよう要石を拝む人衆。安政地震のナマズ絵

25 弱者を狙い撃ちする現代の地震

鯰絵《なまずえ》というものがある。安政江戸地震（一八五五年）のときには、地震後わずか三日間で三八〇種類もが刊行された。

これはさまざまな地震ナマズの木版画に文章をつけた大衆向けの出版物だ。いわば当時の夕刊紙である。カラー刷りの版画と文章で、大衆が好む安政地震のさまざまなゴシップを取り上げている。

ナマズ絵には幕府や豪商への鋭い風刺もあるので幕府はすぐに禁止令を出した。だが庶民はたくましい。禁止令も何のその、版元も出版日も書いていないナマズ絵が次々に出版され、人々は先を争って買い求めた。

ナマズの平等主義

ナマズ絵で有名なものに地震の元凶であるナマズが豪商の首を締め上げて、持っている小判が散らかっているものがある。

たしかに大地震のときには富裕な商人が蓄えてきた金を庶民に「再配分」することが行われ

た。いや、大地震だけではない、江戸で繰り返された大火のときも、この種の再配分のおかげで庶民が立ちなおったり潤ったりしたのだ。

たとえば慶応の大火（一八六六年）のときには日本橋近くの豪商の詳細な支出記録が残っている。それによれば、材木商や大工や左官にはじまって釘屋、石灰屋、砂利屋、縄屋、綿屋、桶屋など驚くほど多くの零細な職業に支払が行われたのが分かる。

もしこの再配分がなければ、大衆による打ち壊しが富裕商人たちを襲う可能性さえあったのだ。

地震は弱者をねらい撃ち？

しかし、現代はすっかり違ってしまった。瀬戸内海を見下ろす神戸大学の高台には慰霊碑が建っている。阪神淡路大震災（一九九五年）で犠牲になった同大の関係者の碑だ。それによれば、学生の死者は三九人、うち三七人は下宿生だった。

神戸大学が特別に下宿生の割合が高かったわけではない。下宿生は古い木造家屋に住んでいることが多く、それゆえ午前六時少し前の大地震で、多くが犠牲になってしまったのである。

ちなみに、神戸大学では建物はひとつも倒壊しなかったから、もしこの地震が昼間だったら、これらの学生は命を落とさずにすんだだろう。

阪神淡路大震災には限らない。東日本大震災（二〇一一年）でも犠牲者を年代別に数えると、六〇歳代が一九％、七〇歳代が二三％、八〇歳代以上も二三％あった。一方五〇歳代は一二％、四〇歳代は七％、三〇歳代は六％だったから、高齢者の割合は人口割よりもずっと多かった。つまり、現代の地震は弱者をねらい撃ちにするのである。

つぎに首都圏を襲う大地震でも、古い住宅に住み続けざるを得ず、費用のかかる耐震補強もおいそれとは出来ない庶民の「地震弱者」に被害がとくに多いことが心配されている。

富裕商人の家も庶民の家も等しく壊れてしまって、再配分で庶民も潤った江戸時代とは様変わりしてしまったのである。

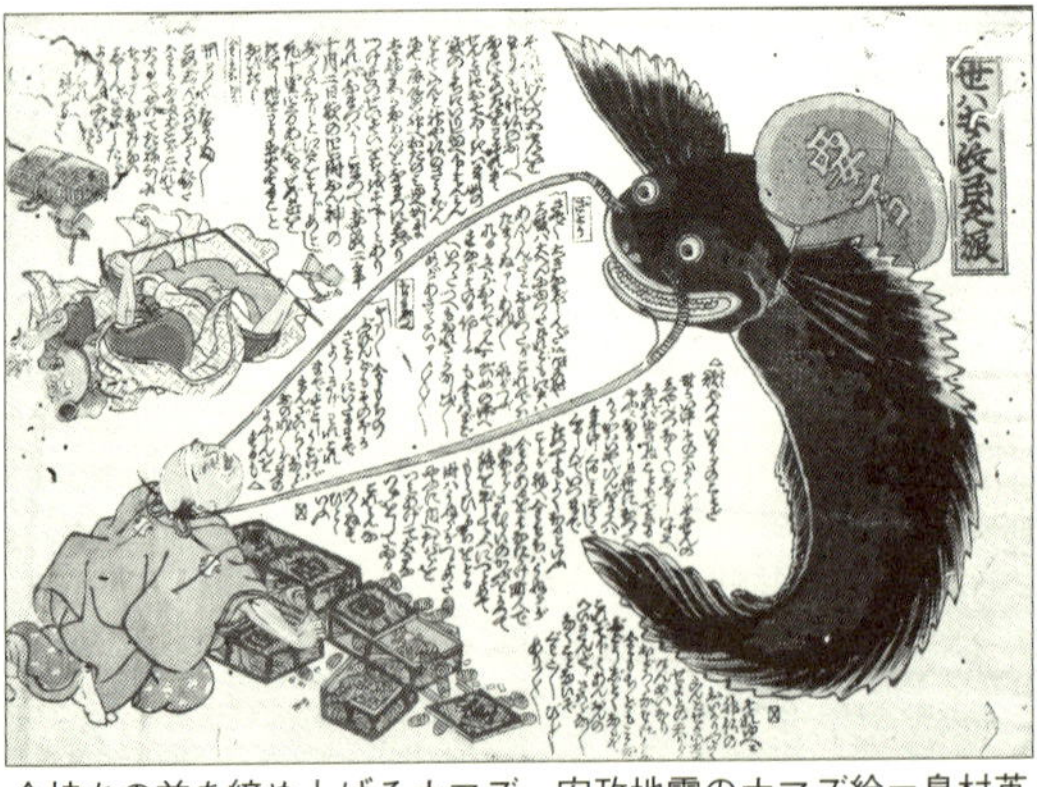

金持ちの首を締め上げるナマズ。安政地震のナマズ絵＝島村英紀撮影

26 「極秘核実験」探知した日本の地震計

イスラエルが極秘で行った核実験を日本の地震計が検知したことがある。

イスラエルが核兵器を持っているのは公然の秘密になっている。だがイスラエルは決して認めていないし、同国のうしろ楯になっている米国も認めていない。

ところで核兵器は作っていく段階で、臨界の確認や性能維持のために核実験を行うことが不可欠のものだ。このため広島や長崎に米国が落とした原爆は、その前に米国ニューメキシコ州の砂漠で核実験を行っていた。中国も中国奥地の新疆ウイグル自治区・ロプノールで核実験を行った。

狭い国内では実験できない

もっと狭い国の英国はオーストラリアで、またフランスも本国ではなく当時仏領だったアルジェリアの砂漠や南太平洋の仏領ポリネシアで核実験を行った。

イスラエルは英国よりさらに狭い。このため国内で核実験をすることは不可能だ。このため南アフリカと共同して、南アフリカと南極の間にある海中で一九七九年に極秘の核実験をやったのでは、という疑惑が伝えられていた。

この近くには南アフリカ領のプリンス・エドワード諸島がある。南アフリカから一八〇〇キロ南で、南極とのほぼ中間点だ。定住者はいない。このへんの海は「吠える南緯五〇度」といわれる南極海が荒れる名所で、航行する船はほとんどいない。

誰もいない海のはずが

ところが、この実験地点の南極側にある日本の昭和基地の地震計は、この極秘の核実験を記録していたのだ。じつはこのことが発表されたのは二〇一三年になってからである。

ここには日本国内にもある高感度の地震計が一九五九年に設置され、それまでも世界各地の地震を記録していた。

この地震計が一九七九年九月二二日に三回の海中核爆発を記録した。南アフリカの現地時間で一七時少し前から一七時一五分にかけてだった。爆発の規模はマグニチュード3・7から3・1の地震相当、TNT火薬では約三〇〇〇トン相当のものだった。

昭和基地から現場までの距離は約二〇〇〇キロ。このくらいの大きさの地震だったら、十分に記録できる距離である。たとえば米国ネバダ州で一九八〇年七月や翌年六月に行われた核実験も、一九八一年九月と一二月に旧ソ連南部のカザフスタンで行われた核実験も同じ地震計が記録していた。

地震計には普通の地震とは違う核実験特有の波形が記録された。記録の特徴から、地下核実験か、大気中の核実験か、それとも海中核実験だったのかもわかる。ネバダとカザフスタンは地下核実験だった。一九七九年の爆発は異様に長い振動が継続したので、明らかに海中爆発の特徴を示していた。

地震計にとって二〇〇〇キロは遠くはない。昭和基地からネバダまでは一万六〇〇〇キロ以上、カザフスタンまでは一万四〇〇〇キロ近くもある。世界中、どこで隠れて核実験をやっても、地震計にだけは検知できるのである。

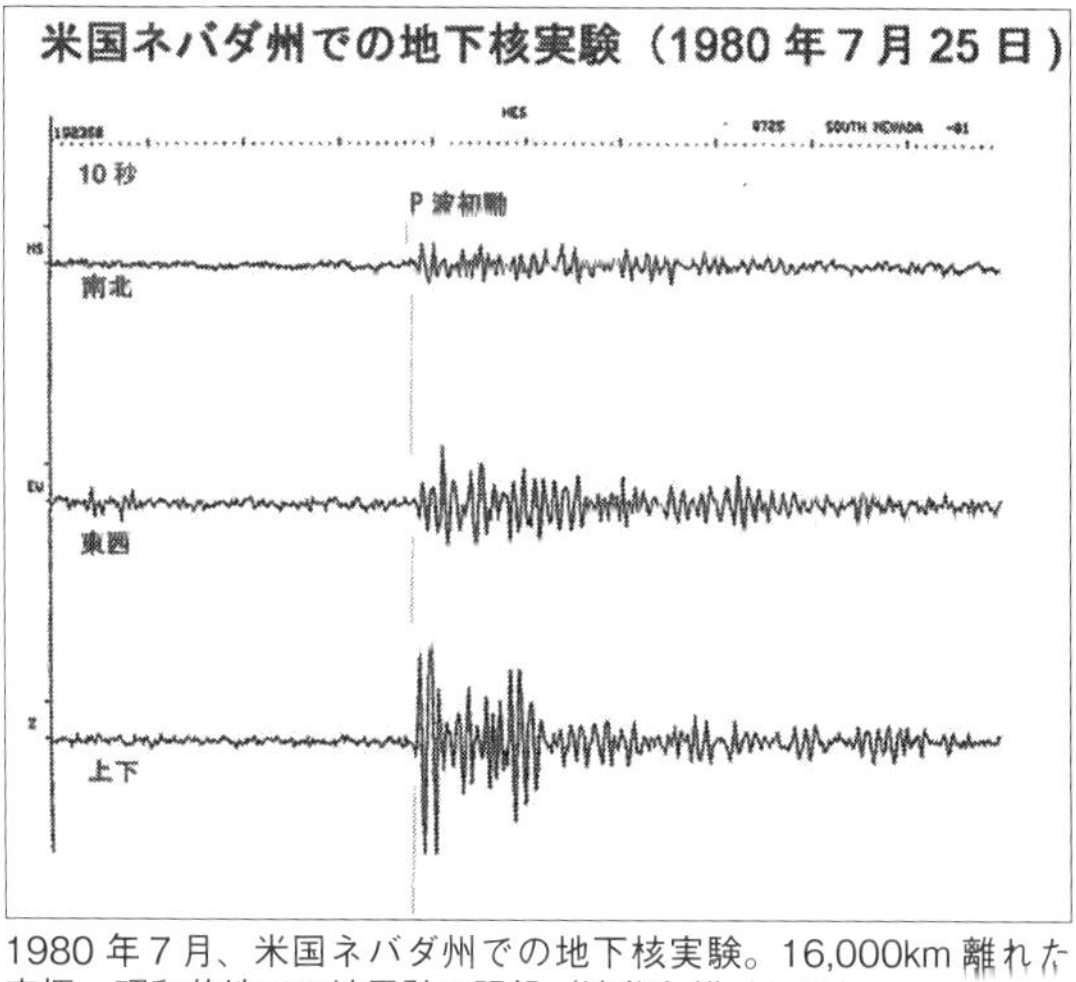

1980年7月、米国ネバダ州での地下核実験。16,000km離れた南極・昭和基地での地震計の記録（渋谷和雄氏提供）

27 月の引力は地震を左右するのか

地震計が発明されてから、じつは一〇〇年あまりしかたっていない。天体望遠鏡が発明されたのは五〇〇年も前だし、温度計や雨量計を使って気象観測が始まってからも何百年もたっているのと比べると、地震の観測ができるようになったのはごく近年のことなのである。

地震計の発明以後、しだいに地震のデータが集まってくると、世界の地震学者が最初に取り組んだのは、地震の起きかたは何によって左右されるのだろうという地震の「法則性」だった。

しかし、これはなかなかの難問であった。

最初の「発見」は、昼より夜の方が地震が多いことだった。

だが、これはまったくの間違いだった。昼間は人間活動の雑音が高いために、昼間の地震が夜ほどは検知できなかっただけだったのだ。

一九五〇年代の終わりには、それまでの半世紀間に起きたマグニチュード8クラスの巨大地震のうち一五個が、天王星が子午線を通過した前後一時間以内に起きたという論文が出た。

前に書いた「惑星直列」のような話だが、この論文は他の科学者の追試によって否定された。

地面を三〇センチ引っ張り上げる力

このほか、気圧の変化や雨量など、気象との関連があるという論文も多数あった。

阪神淡路大震災（一九九五年）や東日本大震災（二〇一一年）は猛暑の翌年に大地震が起きたという俗説もある。この俗説に従えば、今年の夏は暑かったからさて……ということになろう。しかし、気温が地震に影響するという学術的な研究はない。三二頁に書いたように、気温の年変化が地震が起きる深さの岩まで伝わるはずがないからだ。

そして、最後に残っていまだに決着が付いていないのが月齢と地震との関係だ。惑星直列や天王星と違って、月や太陽の引力ははるかに大きい。海の水を引っ張り上げる海洋潮汐だけではなくて、硬い岩である地球の固体部分を毎日二〇〜三〇センチも上下させるから、惑星直列よりも、はるかに地震を引きおこす可能性が高いはずだ。

一九九〇年に出た論文では、この一〇〇年に起きた大地震は、太陽と月の両方が水平線から三〇度から五〇度の間にあるときに多いという。だがこれも否定されて、いまに至っている。

引き金を引くのはだれ？

二〇一一年にまた別の学説が出た。東北地方太平洋沖地震（東日本大震災）が近づくと月の引力の影響が強いときに地震が集中したのだという。東北日本の沖にある日本海溝の近くでこの三六年間に発生した多数の小さな地震について、引力との関係を調べた研究である。

とはいえ、月の引力は地震を実際に起こす力に比べると一〇〇〇分の一しかない。それゆえ「地震を起こす」のではなくて「地震の引き金を引くのでは」という可能性が指摘されているのである。

これにもいくつもの反論がある。各地での精密な研究では否定的な見解が多いのだ。

さて、今度の満月や新月、つまり地球が月と、そして太陽にもっとも引っぱられている日に地震が起きるだろうか。

28 地震計を邪魔する〝観測の敵〟

地震計というものを見たことも触ったこともない読者がほとんどだろう。

それは現代の高感度の地震計は、人が一〇〇メートル先を歩いていても感じるほどの感度だからだ。鉄道や高速道路では一〇キロ離れていても雑音として感じてしまう。前に書いたように南極の昭和基地にある地震計は一万六〇〇〇キロ以上も離れた核実験もちゃんと記録した。

気象庁は東京都千代田区大手町のビル街にあるが、地震計はそこにはない。あるのは人が通らない皇居の中だ。だがここでも雑音が多くて、他の地震計のようには小さな振動は記録できない。

このため、地震計は世界のどこでも、人里離れたところや、地下深くにひっそりと設置されているのが普通なのだ。

地上はせわしない

私が海底地震計を作りはじめたのは、プレートが誕生するところも衝突するところも海底だったからだ。

　だがそのほかにも、感度の高い地震計で観測するには陸上ではどこでも雑音が高すぎたこともあった。実際、海底は、陸上のどこよりも静かだった。高感度地震計の本領が発揮できたのだ。

　しかし、海底地震計にはそれなりの悩みがあった。六〇〇〇メートルの海底に置いてあっても、はるか水平線の先を通る船のスクリュー音を感じてしまうのだ。そのほかクジラやイルカが鳴く音はもちろん、ある種の魚は鳴くらしく、海の中も、結構な音に満ちていることがわかった。

海底地震計は人気もの？

　それだけではない。海中や海底にいる生物は好奇心も強くて海底地震計のような異物があると寄ってくる。なにせ高感度の振動測定器なので、小さな昆虫くらいの底生生物でも、海底地震計の上に這い登られたら、観測には大いに迷惑なのである。

　ノルウェー沖のバレンツ海での観測では、海が静かだったから、深海測深儀という海の深さを超音波を使って測る機械で、海底にある数メートルのものまで見えた。

そこでは私たちの海底地震計の上に、高さ二〇〜三〇メートルの丘が写っていた。これは海底地震計の上に群れ集まったタラの大群なのだった。ここはタラの好漁場で、多くの国から漁船が集まってくるところだ。

魚は全く平らな海底は好まない。魚礁は海底の凸凹の岩であることが多いし、人工漁礁も、平らな海底に魚が安心して群れ集まれる凸凹を作るものだ。

タラたちは、いままで見たこともない海底地震計でも、とりあえずの「拠り所」としては十分であったのだろう。何百匹という群が円錐型に集まって、ひとつの海底地震計にかぶさることになった。魚が作る円錐の底辺は五〇〜六〇メートルもあった。

この辺のタラは大きい。一メートル半のものも珍しくはない。タラがじっとしてくれていればいいのだが、動いたり、海底地震計を突っついたりすると、私たちの海底地震観測の邪魔になってしまう。私たちにとっては思わざる「観測の敵」なのである。

私たちの海底地震計を取り囲んだタラの大群。ノルウェー沖のバレンツ海での測深儀記録

29 強震を過小評価する危ない「常識」

大地震の揺れが、以前知られていたよりもずっと大きいことが分かってきた。

前回の高感度地震計とちがって今回は感度を下げた地震計の話をしよう。なぜ、そのようなものが必要なのだろう。わざわざ切れない包丁を用意するようなものだと思うだろうか。

だが、これは大事な観測なのだ。高感度の地震計では、近くで大地震が起きたときには記録が振りきれて、地面の揺れを正確に記録することは出来なくなってしまう。このために低感度の地震計「強震計《きょうしんけい》」が必要なのだ。

それは地震の振動が、地面が一〇〇〇分の一ミリも動かないような微小なものから、数十センチも動く大地震まで、とても大きな幅があるからである。大地震のときに地面がどのくらい揺れたかは、建物や建造物を造るときに大事な情報になる。

阪神淡路大震災（一九九五年）以後、日本中で強震計が増やされた。いまでは全国に一〇〇〇点もある。世界一の密度だ。この強震計が展開されたために、いままで知られていなかったことが分かってきた。

常識はずれの加速度

そのひとつは、大地震のときの揺れが、それまで考えられてきたよりもはるかに大きいことがあることだった。

地震が建物や建造物を揺するときには、地震の「加速度」に比例した力がかかる。具体的には、加速度の値に、そのものの重さを掛けただけの力がかかる。

加速度の大きさはガルという単位で測る。九八〇ガルというのが地球の引力で、地球上すべてのものにかかっている重力である。ヤクルトのバレンティンが高々と打ち上げたボールが地面に帰ってくるのも重力のせいだ。

もし地震の揺れが九八〇ガルを超えたら、地面にある岩が飛び上がることを意味する。建物にも、ダムや高速道路などの構造物にも大変な力がかかることになる。

実は阪神淡路大震災の前には、地震学者のあいだでも、まさか岩が飛び上がるほどの揺れはあるまいというのが一般的な常識だった。

しかし、その後に起きた大地震で日本中に展開された強震計の記録は、この常識を覆した。

たとえば新潟県中越地震（二〇〇四年）では二五一六ガルを記録したし、岩手・宮城内陸地震（二〇〇八年）では岩手県一関市厳美町祭時《げんびちょうまつるべ》で四〇二二ガルという大きな加速度を記録した。

甘すぎる見積り

　こうなると心配になってくるのが、いままでの「常識」で作られた建造物だ。たとえば原発はある限度以上の揺れはないとして設計されている。ある電力会社の原発のホームページには「将来起こりうる最強の地震動」として三〇〇～四五〇ガル、「およそ現実的ではない地震動」として四五〇～六〇〇ガルという値が載せてあった。

　福島の原発事故以来、このホームページは削除されてしまったが、この値で設計されていたことは確かなことだ。地震国に住む地震学者としては心配なことである。

30 「富士山噴火しない」はあり得ない

富士山の最後の噴火は一七〇七年（宝永四年）のことだった。以後、三〇〇年以上も噴火していない。

噴火をくり返してきた富士山でこれほど長い休止を経過したことはない。たとえば平安時代は約四〇〇年間だったが、そのうちのはじめの約三〇〇年間に一〇回も噴火している。

地球物理学から見れば、富士山がこのまま将来も噴火しないことはあり得ない。富士山の下には太平洋プレートがフィリピン海プレートと衝突して潜り込んだときにできるマグマが次々に生まれていて、これがやがて噴火して出てくることは明らかだからである。

この二つのプレートの衝突は富士山の直下だけではない。そこから南へ一〇〇〇キロ以上も続いていて、マグマも富士山の下から帯状に南へ続いている。二〇一三年一一月から噴火を続けている小笠原・西之島の新島も、このマグマが上がってきたものなのである。

マグマが地下で南北に伸びる帯状につながっているから、そこから上がってきて噴火する火山も南北の列になる。富士火山帯だ。一九八九年に伊豆半島の伊東の沖で海底噴火した手石海丘も、伊豆大島も八丈島も、この火山帯に属する火山なのである。三宅島で二〇一三年四月に火山性の群発地震が起きたのも、この火山帯の活動の一環である。

マグマの活動を知るために

ところで、富士山がいずれ噴火することを予想して、もちろん、それなりの観測網が敷かれている。残念ながら地下のマグマの量や動きを見ることは現在の科学では出来ない。それゆえ他の活動的な火山と同様、付近で起きる小さな地震の観測や、山体膨張の観測を行うのだ。

このうち、富士山では特有の地震が観測されている。「低周波地震」だ。他の地震とはちがって低い周波数成分が多い地震である。この地震はマグマの動きと関連している。他の火山で観測されることもあるが、富士山では地下一五〜二〇キロ、つまり富士山の高さの五倍もの深さのところで起きる。

この低周波地震はいままでも増減をくり返してきた。たとえば二〇〇〇年ごろにはずいぶん増えて科学者たちを緊張させたが、なにごともなくおさまってしまった。

気になる傾向

他方、山体膨張はほぼ一様に進んでいる。富士山が膨らんでいるわけだ。これは地下のマグマが増えているためだと思われている。実はこの山体膨張が二〇〇六年からわずかながら加速しているのは、とても気になる。

このように富士山は「監視下」にある。しかし安心は出来ない。最大の問題は、最後の噴火が三〇〇年以上も前だったから、噴火の前に何が起きたかが分かっていないことなのである。つまり、小さな地震がどこまで増えたら、あるいは山体膨張がどこまで進んだら噴火するのか、という限界が分かっていないことなのだ。

福島県の磐梯山《ばんだいさん》では二〇〇〇年の夏に地震が増えて一日に四〇〇回を超えた。しかし結局は噴火しなかった。他方、なんの前兆もなしに噴火した火山も多い。富士山も事前に「適切な予兆」を出してくれるとは限らないのである。

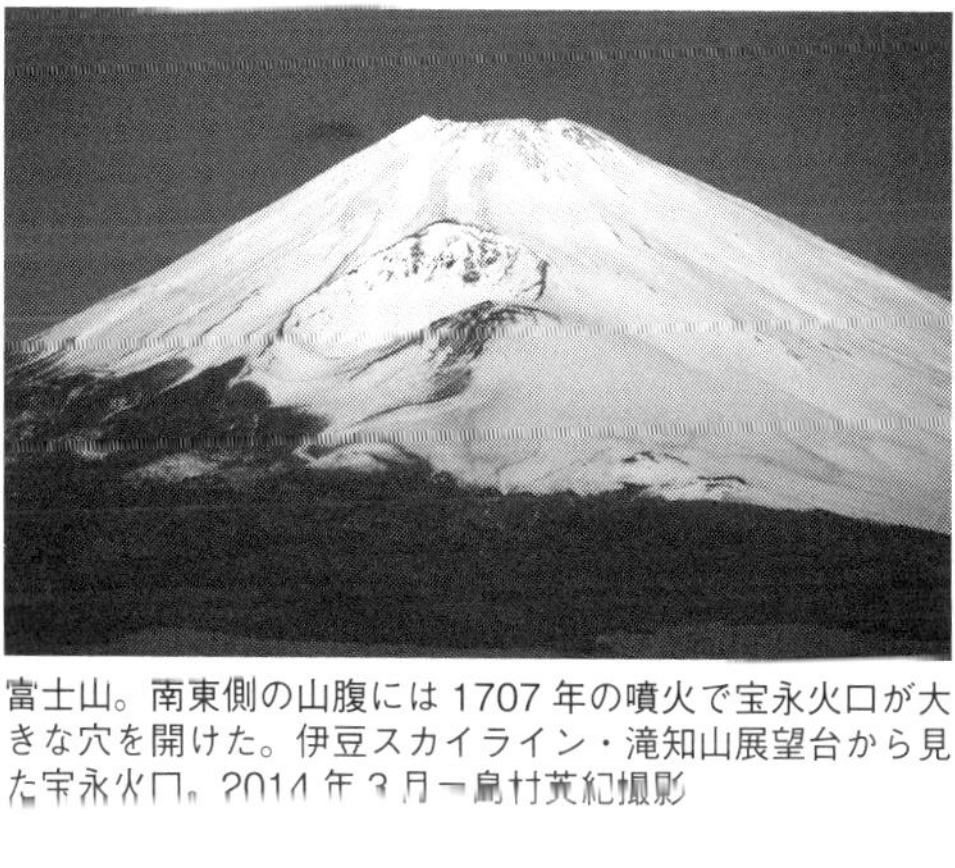

富士山。南東側の山腹には1707年の噴火で宝永火口が大きな穴を開けた。伊豆スカイライン・滝知山展望台から見た宝永火口。2014年3月一島村英紀撮影

31 南海トラフ巨大地震と噴火のつながり

東京から見る富士山は左右対称の整った姿ではない。左側の山腹が盛り上がっていることが対称を破っているのだ。

これは前に話した富士山の最後の噴火（一七〇七年＝宝永四年）による噴火のせいだ。この噴火は富士山の山頂ではなくて、南東側の山腹で起きた。このため、宝永火口が富士山のなだらかな横っ腹に醜く開いてしまった。

この噴火はとても大規模な噴火で富士山の三大噴火のひとつだった。あとの二つは平安時代に発生した「延暦の大噴火」と「貞観の大噴火」である。

ところで、この宝永噴火は、大規模な海溝型地震であった「宝永地震」の直後に噴火したものだ。大地震のほとぼりも冷めない四九日目に噴火が始まった。

全ての大地震で連動

世界的にも、地震と噴火が連動した例は多い。たとえば、マグニチュード9を超える超巨大地震は近年七回起きたことが分かっているが、いちばん最近の東日本大震災（東北地方太平洋沖地震）を除いて、すべての大地震では地震から四年以内に、近くで火山が噴火している。もっとも、東日本大震災からまだ四年はたっていないから、この「法則」の例外であるかどうかは、まだ分からない。ちなみに、宝永地震はもし地震計の記録があればマグニチュード9クラスではなかったかと最近は考えられている。

このほか北方四島の国後島《くなしり》にある爺爺岳《ちゃちゃだけ》（一八二二メートル）の例がある。この火山は、九世紀のはじめ以降二〇〇年近くも噴火していなかった。噴火はしていない火山でもよく見られる噴気（水蒸気の発生）さえも見えないほどだった。

しかし一九七三年に突然、長い眠りからさめて噴火した。それ以後は火山活動が活発になり、一九七八年七月にも噴火した。そして、その五ヶ月後の一九七八年一二月には、すぐ南東側の海底、つまり北海道の東にある国後水道でマグニチュード7・8という大きな地震が起きたのだった。このときは噴火が先、地震があとになった。

未解明の関係

地震と火山は両方ともプレートが海溝で衝突することで起きる現象だから、なにかがつながっているのにちがいない。海溝から潜り込んでいった太平洋プレートが起こす地震と、そのプレートの潜り込みで生まれたマグマが上がってきた火山なのだから、関連があって不思議ではないからだ。だが残念ながら現在の科学では、地震と火山がどう関係しているかは解明されていない。

宝永地震は、いま怖れられている南海トラフ地震の先祖のひとつだと考えられている。じつは、さらに先代と思われている慶長地震（一六〇五年）のときにも、約八ヶ月後に八丈島の西山が噴火した。

さて、南海トラフ地震が襲ってくる前か後に、火山がまた噴火するのだろうか。

32 大噴火は今世紀五〜六回起きる？

二〇一三年には火山の当たり年だと思っていた人も多いだろう。一一月から噴火を続けている西之島の新島も、すでに八月に二〇一三年だけの通算で五〇〇回目の噴火をした鹿児島の桜島も大きなニュースになったからである。

だが、これは間違いだ。日本の火山はこのところ「静かすぎる」のである。

一九世紀まで「大噴火」がそれぞれの世紀に四回以上起きていた。ここで大噴火とは東京ドームの二五〇杯分、三億立方メートル以上の火山灰や熔岩が出てきた噴火をいう。

ところが二〇世紀に入ってからは大噴火は一九一四年の桜島の大正噴火と一九二九年の北海道駒ケ岳の噴火の二回だけだった。それ以後現在まで百年近くは大噴火はゼロなのである。

複雑なマグマ

海溝型地震というものが同じようなものが「忘れたころに」くり返すのとちがって、火山噴火の繰り返しは時間も噴火の規模や様式もまちまちだ。その意味では、ある火山が一〇〇年以上静かなことは世界的にもそれほど珍しいことではない。

大地震はプレートの動きに応じて溜まっていく歪みの解放によって起きる。いわば原因と結果が直接に結びついている。

だが噴火はプレートが動くことによってマグマは地下で次々に生まれているが、上がってくるまでにいくつかの「マグマ溜まり」を作ったり、マグマの成分が変化していったりする複雑な過程をたどる。それゆえ海溝型地震のように単純な繰り返しがあるわけではないのである。

大噴火を何度も経験

じつは数千年以上という長い期間で見ると、「カルデラ噴火」というとてつもなく大規模な噴火が日本を何回も襲った。たとえば七三〇〇年前の鬼界《きかい》カルデラ噴火だ。放出されたマグマはなんと東京ドーム一〇万杯分にもなった。鬼界カルデラにある硫黄島は薩摩半島の南の沖合五〇キロにあるが、火山灰は関西では二〇センチ、関東地方でさえ一〇センチも降り積もった。

ところで恐ろしい統計がある。米国の研究者が最近二〇〇年間に起きた世界の爆発的な大噴火一五例を調べたら、そのうち一一例もがそれぞれの火山で「史上初」の噴火だったことである。

ここで史上初というのには注釈がいる。火山のように世界のあちこちで起きる事件では、日本は別にして、ヨーロッパ人が入りこんでからしか正確には記録されていないことが多い。つまり大航海時代以来の「史上初」ということなのだ。せいぜい三〇〇〜四〇〇〇年の静穏期以後の大噴火は「史上初」になってしまうのである。

いずれにせよ、この統計が意味していることは、休止期間が長かった後で噴火するときには大噴火になりやすいということだ。

さて、この三〇〇年間は噴火していない富士山はどうなのだろう。

富士山にはかぎらない。カルデラ噴火は数千年に一度だとしても、「大噴火」が二一世紀には少なくとも五〜六回は起きても不思議ではないと考えている地球物理学者は多いのである。

東京から札幌へ飛ぶジェット機で、約1万メートルの高度から撮った8月下旬の富士山。噴火口がよく見える＝島村英紀撮影

33 「緊急地震速報」と「予知」の違い

地震の一般向けの本を書く前にアンケートをとったことがある。私が驚いたのは「緊急地震速報が数秒前ではなくてせめて数分前になるように改良して貰えないでしょうか」という要望だった。

気象庁は二〇〇七年から「緊急地震速報」を出している。誤解している向きもあるが、これは地震予知ではない。だが「東海地震」を予知する専門の部局まで擁する気象庁が出す警報ゆえ「地震予知の一種なのだろうからもっと前に」というのが庶民のはかない望みなのであろう。

速報の出し方

この速報の原理は単純なものだ。全国に置いてある地震計のどこかで強い揺れを感じたら震源を計算し、まだ揺れが届いていない場所に警報を送るという仕組みだ。逆立ちしても地震が起きる前に通報できるはずがない。

遠くで雷が光ってから、しばらくして音が聞こえてくるのと同じ原理である。だが音が空気中を伝わる速さは秒速三三〇メートルあまり。しかし地震の揺れは秒速三〜八キロとずっと早いから、雷ほど時間的余裕がない。

それゆえ緊急地震速報の最大の問題は、警報を聞いてから地震が来るまでにほとんど時間がないことだ。たとえば恐れられている南海トラフ地震が起きたときに、横浜で一〇秒ほど、東京でも一〇数秒しかない。しかも遠くなるほど地震の揺れも小さくなるから、二〇秒以上になるところで知らせてくれても警報の意味がなくなってしまう。

走っている新幹線はこの時間では安全に停止するのはむつかしい。工場でも大きな機械を止める時間で止めることは不可能だ。手術中の病院でも、これだけの時間では手術を止めることはできないだろう。

速報の限界

そのほか、じつは根本的な弱点がある。日本に起きる二種類の地震、海溝型地震と直下型地震のどちらにも対応しにくい仕組みになっていることだ。

海溝型地震は海底で起きる地震だから、震源から一番近い地震計である沿岸の地震計に揺れが到達して計算をはじめたときには、すでに広範囲に揺れが襲っている。東日本大震災（東北地方太平洋沖地震）のときも東北地方の人々がP波の強い揺れに遭ってから、ようやく緊急地震速報が出た。

また、直下型地震でも震源は地下にあり、いちばん近い地震計が地上にあるために、肝心の震源近くで揺れが強いところでは緊急地震速報が間に合わない。二〇一三年の一一月から続いた首都圏の直下型地震でも緊急地震速報が出なかったり、間に合わないことが多かったのはこのためだ。

海溝型地震でも直下型地震でも、いちばん揺れが大きくて危険な地域には緊急地震速報は間にあわない。気象庁は速報の限界をきちんと広報すべきなのである。

34 緊急地震速報のお粗末さ

二〇一三年八月八日午後五時前のことだ。奈良県と大阪府で「最大震度6弱～7程度の揺れが襲って来る」という緊急地震速報が発表された。

ＪＲの大阪駅ホームなどでは乗客の携帯電話から緊急地震速報メールの受信音が一斉に響いた。関西ではめったになかった緊急地震速報だけに、パニックになりかけた人たちもいたという。速報は震度4以上の揺れが到達すると予測された関東甲信から九州の三四もの都府県で発表された。

この速報を受けて小田原から新岩国間で新幹線が緊急停止した。関西の鉄道各社も全列車を止めた。近畿だけで四〇万人超に影響した。帰宅ラッシュと重なったためターミナル駅も大混雑した。

鉄道だけではなかった。この速報が伝わったとたん、円は一時一ドル＝九六円一三銭近辺まで、つまり三円も急上昇した。

地震予知の現実

しかし、この緊急地震速報は誤報だった。

地震は和歌山県北部に起きた震度1にも満たないマグニチュード1・3の小地震だった。これを気象庁はマグニチュード7・8と推計した。阪神淡路大震災の地震（マグニチュード7・3）よりも五倍以上も大きなエネルギーの地震だと思ってしまったのである。

お粗末な間違いだった。和歌山の地震発生とほぼ同時に起きた三重県沖にある海底地震計のノイズを大きな地震の揺れだと思ってしまったのだ。ノイズとは、それまで信号が停止していた海底地震計が回復して入り始めた信号だった。

海底地震計は陸上にある地震計と違って「加速度計」という地震計が使われている。加速度計のほうが丈夫で小型にできるからだ。だがそのために、陸上の地震計のデータと合わせるために機器の出力を二回積分するという数値操作をしなければならない。

このときに回復した加速度計からはゼロ点がずれた信号が出た。この信号を二回積分したために、異常に大きな地震の信号を感じたことになったのである。

気象庁地震火山部の部長は記者会見で陳謝した。だが同時に「速報が発表された際は何らかの揺れが起きているのは事実。発表があれば身の安全を確保してほしい」と呼び掛けたという。

震度1にも及ばない小地震で身の安全を確保しなければならないのだろうか。

打率三割弱でも戦力外

そもそも、たった二地点だけのデータなのに、和歌山から熊野灘まで広範囲に揺れた大地震だと計算してしまったのもおかしい。鉄道から経済まで影響する地震速報にしては判断があまりにお粗末だった。

これだけではない。緊急地震速報が誤動作して間違った警報が出たことも、予報された揺れが来なかったという「空振り」も多い。

二〇一一年三月の東日本大震災のあと余震が頻発したこともあり、震災から一〇日間のあいだに速報は三六回出されたが、震度5弱以上の揺れが実際にあったのは一一回にすぎなかった。「打率」は約三〇％にも満たなかったのである。

35 ノーマークだった阪神淡路大震災の教訓

兵庫県南部地震が関西を襲ってから、約二〇年になる。阪神淡路大震災を起こした地震だ。

五〇〇〇人近くが亡くなった一九五九年の伊勢湾台風を最後に、犠牲者が一〇〇〇人を超える大きな自然災害が約半世紀の間なかった。そのあと突然襲ってきた大災害だった。

この震災では六四〇〇人以上の犠牲者を生み、全壊家屋は十万棟以上に達してしまった。地震の爪痕はまだ現地に残っていて、震災から立ち直れない人も少なくない。

しかし二〇一一年に東日本大震災が起きてからは、被災地以外では阪神淡路大震災への関心は遠ざかってしまっているように見える。じつは阪神淡路大震災のときにも、津波が大災害を生んだ北海道南西沖地震（一九九三年）への国民の関心は遠ざかって、現地は忘れられてしまった。冷酷だが、これが地震多発国の現実なのである。

地震を比較する

ところで、この阪神淡路大震災を現代の目で見直すことは、将来の日本の震災を考えるうえで大事なことだ。

ひとつのポイントは、その五年後の二〇〇〇年に起きた鳥取県西部地震だ。同じマグニチュード7・3、同じ深さで起きた内陸直下型地震。こちらは誰も亡くならず、現地の人には申し訳ないが約一八〇人の怪我人と全壊家屋約四〇〇棟だけですんだ。

同じ大きさの地震が襲ってきても、これだけ違う。これは地震がどこを襲うかの違いだ。都会は地震に弱い。もし、この大きさの地震が東京や大阪を襲ったら、その被害は阪神淡路大震災の比ではないかもしれない。

地震は自然現象だ。日本人が日本列島に住み着く前から起き続けてきている。一方「震災」は自然現象である地震と、人間が作った社会の交点で生まれる社会現象だ。社会が大きくなって、それゆえ弱くなれば、震災は大きくなる運命にある。

予知の逆効果

もうひとつのポイントは、阪神淡路大震災が起きる前、一九七〇年代後半から「東海地震」

がクローズアップされていたことだ。東海地震を予知する組織が気象庁に作られて、予知警報に対応する法律まで成立していた。このため「大地震の前には予知の警報が出る。次に起きる大地震は東海地震に違いない」と国民に刷り込んでしまっていたのであった。

しかし、次に襲ってきたのは東海地震ではなく阪神淡路大震災だった。その後も、新潟県中越地震（二〇〇四年）、福岡県西方沖地震（二〇〇五年）、能登半島地震（二〇〇七年）、新潟県中越沖地震（同）、岩手・宮城内陸地震（二〇〇八年）、そして二〇一一年の東日本大震災。東海地震でもないし、その他政府がマークしていなかったところで大地震が起き続けている。

現在の地震学のレベルでは、次に大地震がどこを襲うかは、まったく予想できないのだ。

南海トラフ地震や首都圏直下型地震がクローズアップされているなかで、予想もされていないところで「次の大地震」が起きて大きな震災になってしまう可能性は、決して低くはないのである。

36 地震と漁獲量の不思議な関係

二〇一四年一月に三回、鳥取県や新潟県の日本海沿岸で巨大なイカが発見された。ダイオウイカという無脊椎動物としては世界最大級の生物である。

欧州では長さが一八メートルのものが見つかったこともあり、鳥取のイカも、失われていた「触腕」といういちばん長い足を入れれば長さが八メートルだったと推定されている。

ダイオウイカは深海に住むため生態も分からず、太平洋や大西洋など各地で死んだものがわずかに見つかるだけだった。鳥取で底引き網にかかったものは、発見当時は生きていたというから希有の例だった。

魚が教える地球の変化

昔から、魚と地震との関係についての言い伝えがある。このイカも話題になった。大地震が起きる海底で地殻変動など何かの変化があったことを魚が感じているのではないかということだ。

岩手県の三陸地方には、イワシ（マイワシ）がよく獲れるときには大地震があるという言い伝えがある。一八九六年の明治三陸津波地震と一九三三年の三陸沖地震の二回の大地震の前は異常なくらいの豊漁だった。

漁獲量と地震の関係を最初に指摘したのは物理学者の寺田寅彦である。伊豆半島・伊東沖の群発地震の毎日の数のグラフと、近くで捕れたアジやメジ（マグロの仲間）の漁獲量のグラフがよく似た形をしていることを発見した。

近年、寺田の追試をした研究がある。一九七四年からの一六年間に、相模湾一帯に分布している定置網二七箇所の漁獲量のデータ全部を調べ上げたのである。この期間には伊豆大島の島民全部が島外に避難した一九八六年一一～一二月の噴火があった。伊東沖では一九八九年五月に始まった群発地震がどんどん盛んになって七月には海底噴火して手石海丘を作った。こうした伊東沖の群発地震はこの期間に一一回もあった。

寺田が示したのと同じような例もあった。たとえば小田原と真鶴の間にある定置網では、伊東沖の群発地震とアジの漁獲量のグラフがよく並行していた。また、熱海のすぐ南にある定置網でのアジの漁獲量は、一九八六年の伊豆大島の噴火の前後に起きた地震の数と並行しているように見える。これらのグラフを見せられれば、誰でも地震と漁獲量が関係があると思うほどである。

魚の気持ちはわからない

しかし、見事なグラフばかりではなかった。これらの定置網の近くにはいくつもの別の定置網があったのに、それらの漁獲量は、地震の数とは関係が見られなかった。しかもその中には、地震の震源にもっと近い定置網もいくつもあったのだ。

ナゾはまだ解けない。だがなぜ、こんなことが起きるのだろう。魚たちは地震から逃げようとして定置網にかかってしまったのか。それとも、好奇心から地震に近づいてきて網にかかってしまったのだろうか。

残念ながら、現在の生物学は魚たちの脳の中の記憶を読み出すまでには進んでいないのである。

浦河沖地震（1982年3月，135頁）のときは底魚・メヌケが大漁になった＝島村英紀撮影

37 「思い込み」の前兆現象予測

心理学者が地震予知に取り組んだことがある。信州大学の菊池聡先生だ。地震予知で「宏観《こうかん》異常現象」というものがある。動物の異常な行動とか、空が光る現象とか、地震雲とか、地下水や地下ガスの異常など、観測機械を使わなくてもわかる前兆現象のことだ。

阪神淡路大震災（一九九五年）後にも、この現象についてメディアで大きく紹介された。前兆を一五〇〇例も集めたという本も出版された。東日本大震災（二〇一一年）のときにもいくつも報告された。

ところで、この種の前兆は「地震後」に報告されたものばかりだった。じつは報告が事後だったか事前だったかには本質的な違いがある。たんに地震に間に合わなかっただけではないのだ。

心理学的にも有名な現象

ふだん何気なく見ていることは、地震がなければ忘れてしまう。事件があったから、「そういえば」ということになる。

心に深く残った事件のあとで、「そういえば」と思いつく報告が多い。報告が心理的な偏向を受けてしまって、日常的にいつでも起きている出来事でも意味のある現象を見出してしまうのだ。これを心理学では「錯誤相関《さくごそうかん》」という。地震には限らない。

ほんとうに地震の前兆だったかどうかを科学的に立証するためには、厳密な検証が必要である。

「前兆があって地震が起きた」ということを立証するためには、「その前兆がなかったのに地震が起きた」例や「その前兆と同じ現象が起きたのに地震がなかった」例や、「その前兆と同じ現象は起きなかったし地震もなかった」例を全部数えて比べなければならない。このような厳密な比較をしなければ「地震」と「何かの前兆」という一つの現象が関係しているかどうかを科学的には立証できないのだ。

ところが、この二番目から四番目までは人々の記憶には残っていない。ふだん何気なく見ていることは、地震のような大事件がなければ忘れてしまう。

科学的には未検証

いままでに成功したといわれている宏観異常現象の地震予知は、どれもこういった科学的な検証をされたことがないものばかりなのである。

それゆえ、事例全体の数からいえばごく少ない一番目、つまり「なにかの前兆があって地震が起きた」ことだけが強調されることになってしまう。科学的な検証がなければ、この「前兆」と地震とは、たまたま近接して起きた関係のない現象かもしれないのである。

錯誤相関は、「地震が大きいほど」「地震に近いほど」、心理的に大きい影響を与えて、前兆が多かったような印象になる。じつにもっともらしい結果になってしまうのだ。

もともと菊池先生は、これらの宏観異常現象が地震予知に役立つのではないかと思って研究をはじめた。しかし気鋭の心理学者をがっかりさせているのが現状なのである。

38 活断層突っ切る新丹那トンネル

東海道新幹線の新丹那《しんたんな》トンネルは長さ七九五九メートル。外が見えないから居眠りをしている人が多い。

しかし地震学者である私は心中穏やかではない。このトンネルは列車が時速二七〇キロもの速さで活断層を突っ切って走っているという、世界でもまれな場所だからである。

トンネルは熱海と三島の間にある。五〇メートルほど離れたところに東海道線の丹那トンネルがあり、こちらは七八〇四メートル。一九三四年（昭和九年）に開通した。

様々なトラブル

この丹那トンネルの工事はたいへんな難工事だった。何度もの落盤事故で六七名もが犠牲になったほか、七年の予定だった工事が一六年もかかった。工事中、箱根芦ノ湖の水量の三倍にも達した水が出た。トンネルの上にある盆地に渇水と不作をもたらした。農民の一揆も起きた。

これほどの難工事だった理由は火山地帯を通る活断層、丹那断層を掘り抜いたことにある。

それだけではない。この活断層は工事中の一九三〇年にマグニチュード7・3の北伊豆地震も起こした。地震は阪神淡路大震災なみの直下型地震で、掘削中のトンネルが二・七メートルも左右に食い違ってしまった。

このためトンネルは掘り直された。現場付近を通るところでS字型に曲がっている。注意深く列車に乗っていれば分かる。

ずれが生じるほどの活断層

当時は知られていなかったが、丹那断層は「A級の活断層」である。A級とは、活断層のなかでももっとも活動度が高いものをいう。

この活断層は過去に数百回の地震を起こしながら、地表の食い違いを蓄積してきている。だから、この辺の山も谷も、すでに一キロも南北に食い違っている。

丹那断層の学術調査（トレンチ法）＝島村英紀撮影

北伊豆地震はその数百回のうちの一回だったのだ。

新幹線の新丹那トンネルは一九四一年に弾丸列車計画として掘りはじめられていたもので、一九五九年に工事が再開され一九六四年に完成した。

この丹那断層の学術調査は一九八〇年代に行われ、活断層が地震を起こす間隔が七〇〇年から一〇〇〇年だと分かった。つまり丹那トンネルも新丹那トンネルも、ここに活断層があることを知らないで作ったのである。

丹那断層は日本の活断層の中では繰り返しが短くて過去もよくわかっているほうだ。このためこの活断層は相対的には安全なところとされている。だが次の地震が予想よりも早まるかもしれない。げんに東日本大震災（二〇一一年）後に、付近の微小な地震は、それ以前に比べて七〇倍にも増えている。次の地震のときには丹那トンネルも新丹那トンネルも二〜三メートル食い違うに違いない。

二〇一二年に起きた中央高速道笹子トンネルの天井板落下事故も、活断層を掘り抜いたところだったので岩がもろかったという説もある。

活断層は日本中にあるし、まだ分かっていない活断層も多い。伊豆に限らず、日本列島のトンネルの多くは不安定なところにあると言うべきなのである。

39

地震学者をだました活断層

地震学者が米国の活断層に騙《だま》されたことがある。

地震学者が、ここならば地震予知は簡単だろうと考えていた場所がある。米国カリフォルニア州のパークフィールドというところだ。ロサンゼルスとサンフランシスコのほぼ中間に位置する。ここはサンアンドレアス断層という長さが一二〇〇キロもある大断層の一部である。この活断層はカリフォルニア州を西北から東南へ横断している。

開拓時代よりも昔のことは分かっていないが、ここでは一八五七年から過去六回の地震が、じつに規則的に、二〇～二五年ごとに起きてきていた。最後の地震は一九六六年だった。

どの地震もマグニチュードは約6と揃っていた。地震のときの地震断層の動きかたも瓜二つで、たとえば九〇〇〇キロ離れたオランダの地震観測所で記録された地震記録は、見分けがつかないくらいよく似ていた。

地震予知は成功するか

このため「次」である一九九〇年前後に合わせてこの地域のまわりには網の目のようにいろいろな観測点が敷かれ、次の地震を待つ準備は万端、整えられた。

過去の地震のうち最後の二回では、本震の一七分前にマグニチュード5の地震が起きていた。前震である。

そして、ある日、マグニチュード4・7の地震が起きた。誰の眼にも来るべき地震の前震に見えた。

そのうえ、地殻変動や井戸の水位にも変化が現れた。

そして地震学者たちが固唾を呑んで待つこと数時間。一日。数日……。そして数週間。やがて数ヶ月。しかし何も起きなかった。

結局、これほど分かりやすいと思われた事例でも、地震学者が期待した地震は起きなかったのだ。じつは一五年もあとの二〇〇四年になってから、近くでマグニチュード6の地震が起きた。しかし詳細に調べてみると、この地震は震源の位置も、震源断層の動きかたも違った。明らかに別種の地震だったのである。

エネルギーの溜まりかた

地震が繰り返すメカニズムは、日本庭園にある添水《そうず》のようなものだと信じられている。つまり、地震を起こすエネルギーが一定の早さで溜まっていって、やがて限度を超えると、地震が起きる。直感的で分かりやすい仮説だ。この米国の事例はこの仮説に冷水を浴びせるものだった。

現代の地震学でも、パークフィールドの地下で、一体何が起きたのかはまだ分かっていない。単純な繰り返しをストップさせたのが何だったのか、あるいはそもそも周期などなかったのか、皆目見当がつかないのである。

だが日本では、政府の地震調査委員会が発表している日本各地の将来の地震確率はこの「添水」の仮説を前提にしている。地方自治体や一般の人が一喜一憂するにはあまりに脆弱《ぜいじゃく》な前提というべきであろう。

40 信用されない「最大」の津波警報

恐ろしい数字がある。津波の避難勧告が出たのに、実際に避難した人は六％しかいなかったことだ。二〇一一年三月一一日、東日本大震災の日の大津波警報。静岡県焼津市での数字だ。和歌山県でも四六〇〇人に避難指示が出たのに、ある避難所には六人しか来なかった。

このように東日本大震災のときには、全国的に津波警報が信用されなくなっていた。これには長い歴史がある。一九九八年五月四日、津波警報が出た。沖縄、九州、四国、そして本州の南岸に最大二～三メートルという警報だった。

港に繋いでいる船や港の関係者、沿岸の人々などに緊張が走った。ちょうどゴールデンウィークの最中だった。行楽を打ち切って港や家に駆け戻った人も多かったに違いない。

だが拍子抜けだった。実際に来た津波は、わずか数センチのものだったからだ。

二〇〇三年九月にはマグニチュード8・0の「二〇〇三年十勝沖地震」が起きた。この地震とほとんど同じ規模だった「一九五二年十勝沖地震」で六メートルを超える津波で甚大な被害をこうむった北海道東部の厚岸町でも、勧告に応じて避難した人はわずか八％にとどまった。

実際の津波は警報よりもずっと小さくて被害を起こすようなものではなかったから、人々の判断は間違っていなかったことになる。

同じ大きさでも違う津波の高さ

一〇年以上も過大な津波警報がくり返されたので人々は警報を信用しなくなってしまった。それには理由がある。同じ大きさの地震が同じ場所で起きても、海底での地震断層の動きかたが違えば津波の高さは大変に違う。

震源からP波とS波という地震波が出る。P波が先に進み、S波はどんどん遅れていく。雷から音と光が同時に出るのに、音のほうが遅れていくのと同じである。

津波警報の仕組みではP波だけを使って計算している。S波は、震源で地震断層がどう動いたかという大事な情報を運んでくるのだが、S波を待ってからでは間に合わないからだ。

それゆえ、地震の震源と地震の規模だけが分かった段階で「考えられる最大」の津波を想定して警報を出す。だが地震断層の動きかたによっては実際の津波の大きさが最大を想定したときの何百分の一にもなってしまうのだ。

オオカミ少年の悲劇

「最大」の警報と、実際にはずっと小さい津波の繰り返し。人々が信用しなくなったときに襲ってきたのが東日本大震災だった。二万人近い人命を奪った被害が出てしまった要因のひとつは「信用」だった。

行政は住民の防災意識の低さを嘆く。しかし、夜中の警報で財布や預金通帳やはんこを探し、おばあちゃんを背負って逃げたのに予報された津波が来なかったことをくり返した人々のことを考えてほしい。行政は津波警報を信用されるものにすることこそを心がけるべきなのである。

41

避難者三％　津波過大予報は役所の〝保身〟

二〇一四年七月一二日の早朝四時すぎ、東北地方一帯に津波注意報が出た地震が起きた。

震源は福島県沖、マグニチュードは6・8だった。これは東日本大震災（東北地方太平洋沖地震、二〇一一年）の余震で、二〇一三年一〇月二六日のマグニチュード7・1以来の大きめの余震だった。このクラスの大きさの余震は、東日本大震災以後九個目である。

東北地方太平洋沖地震はマグニチュード9。いままで世界で起きた大地震の例だと、余震は数十年以上も続くことが多い。また最大の余震はマグニチュードが本震よりも1ほど小さいものが起きた例が多い。

その意味では、東日本大震災の余震はこれからも続くし、中には大きなものも起きる可能性はまだ残っている。

今回の震源は福島県いわき市の沖一四〇キロ。陸からは遠かったので、陸地での最大震度は4だった。もし震源がもっと陸に近ければ震度はずっと大きくて被害も大きかった可能性が強い。

地震の四分後の四時二六分に気象庁は福島、岩手、宮城の三県に津波注意報を出した。「福島では四時四〇分、宮城と岩手では四時五〇分頃から予想される津波の高さ一メートルの津波の第一波が到着する」というものだった。一メートルとは「養殖いかだが流失し小型船舶が転覆する」津波だ。

これを受けて岩手、宮城両県では合わせて九市町村が避難指示か避難勧告を出した。勧告の対象は少なくとも計約一万一〇〇〇世帯、二万六〇〇〇人に上った。なぜか福島県内では指示、勧告はいずれも出なかった。

気象庁の発表を受けてラジオやテレビでは津波注意報を流し「第一波がたとえ小さくても後から大きい津波が来ることがある」と繰り返し注意をうながした。

しかし、実際に避難したのは全体の三％ほど、わずか八五八人だったことが報道されている。

そして実際の津波も岩手県大船渡市と宮城県石巻市鮎川で二〇センチ、あとのところはそれよりもずっと小さかった。

じつは東日本大震災の大きな余震としてはひとつ前の二〇一三年一〇月二六日のマグニチュード７・１のときも、岩手、宮城、福島の三県のほか、茨城県や千葉県の九十九里や外房にも「最大一メートル」という津波注意報が出た。だが実際に来たのは岩手と宮城でせいぜい三〇センチ、茨城と千葉では検知できないほどだった。

このように、津波注意報や津波警報が信用できないことが繰り返されてきている。

お役人にとっては大きめな予報を出し、避難を指示すれば、もし大きな津波が襲ってきたときの「保身」には役立つだろう。

しかし、いちばん影響を受けるはずの海岸近くに住む人々が、繰り返される過大な予報に「慣れてしまう」のは、科学的で正確な津波予報が出来ていないせいなのである。

42 安心情報になりさがった津波警報

東日本大震災（二〇一一年）で二万人近くの津波の犠牲者が出てしまったもうひとつの要因がある。気象庁からの情報発信のまずさだ。

気象庁は「津波警報」と「津波の現況」を発信した。その両方ともに問題があった。

最初の津波警報発表は一四時四九分だったから、地震が起きてから三分で出た。その意味では十分に早かった。しかしその警報が「岩手県と福島県の沿岸は三メートル以上」と小さすぎた。実際に襲ってきた八～一〇メートルを超えた津波よりはずっと小さかったのだ。

予報が小さくなった理由

実際の津波の大きさよりも小さめの津波予報を出してしまったのは、気象庁の地震や津波の観測システムが「緊急地震速報」シフトになっているなど、この種の超巨大地震に対応できない仕組みになっていたためである。

その後、気象庁は一五時一四分になって、予想される高さを「一〇メートル以上」と変更した。だが、このときにはすでに地震後三〇分近くがたっていた。飛び出していった地元の消防団や海岸の水門を閉めに出動した人々は、この後からの追加や訂正をちゃんと聞いていたかどうか疑わしい。

前に話したように、いままで警報通りの津波が来たことはない。小さすぎる津波警報はそれに輪をかけた。人々の油断を一層誘ったに違いない。

安心情報のワナ

もうひとつの問題もあった。それは、気象庁が一四時五九分に「大船渡で二〇センチの津波を初めて観測した」と速報したことだった。テレビやラジオなどのメディアも、一五時三分から「鮎川五〇センチ、大船渡と釜石は二〇センチ」と気象庁の発表通りに伝えた。

地元の人からのメールが私のところに来ている。「この津波到達の第一報を見た市民が一〇センチ、二〇センチという数字を報じられて安心しないわけがありません。この数字を出していなければ、もっと急いで逃げてくれたかもしれないのにと思うと今も残念で仕方がありません」。無念さがにじむ。

「気象庁がまた津波予報を外した」「予報で三メートル、六メートルとか出ても、やっぱり実際にはそんなに大きな津波は来ないんだなぁとホッとした」と思った人も多かった。

つまり、気象庁の発表が「安心情報」になってしまったのだ。

この「現況の値」そのものは間違いではない。これらは津波の第一波の大きさだった。海岸にある「検潮儀《けんちょうぎ》」で実際に記録した観測値である。気象庁はこの現況の観測値を昔から発表し続けてきた。

第一波がたまたま最大のときは、これでもいいかもしれない。たとえば、一九八二年の浦河《うらかわ》沖地震（マグニチュード7・1）では第一波が最大だった。最大の津波が、しかも押し波として到着したのだった。

しかし東日本大震災を含めて多くの場合は、第一波よりは後続の波のほうがずっと大きいことがよくある。気象庁が知らなかったはずはあるまい。

43 地震保険は問題だらけ？

このところ地震保険の加入率が上がっている。東日本大震災（二〇一一年）などの大地震があるたびに階段状に上がってきた。東日本大震災の年には全国で五・六％というそれまでにない伸びだった。なかでも被害が大きかった岩手、宮城、福島の各県では一二～一八％も伸びた。

備えあれば憂いなし？

地震保険が誕生したのは一九六六年。二年前の新潟地震がきっかけだった。しかし地震保険には大きな制約がある。

第一に損害額が受け取れる地震保険金となるわけではないことだ。保険に入っていても、失った住宅や家財を元通りにはできない。これは支払額が火災保険の保険金額の三〇～五〇％の範囲内しか出ないからだ。地震で全焼してしまっても最大でも火災保険の半分しか支払われない。

第二には居住住宅以外は対象外だ。工場や事務所などは保険でカバーされない。

また単独では入れない制約だ。地震保険は火災保険とセットにしないと加入出来ない。地震保険は当初、建物の補償限度は九〇万円まで、家財は六〇万円まで、それも全損のときだけ支払われる仕組みだった。また一回の地震での支払の総額は三〇〇〇億円までで、もしこれを超えたら、それぞれの支払が減額される仕組みだった。

これではいかにも低すぎるというので、その後段階的に引き上げられた。いまは建物は最大五〇％、補償限度は建物が五〇〇〇万円まで、家財は一〇〇〇万円までだ。

そして保険金総額の上限が六兆二〇〇〇億円になっている。これは想定される南海トラフ地震の被害を保険が支払う金額に相当するとされている。

だが、これは西日本の二府二一県の契約者についての想定にすぎず、もしこれを超えたら、支払は減額されてしまう。

安心を買うには信頼が必要

さらに問題がある。地域によって三倍以上もある保険料の不公平さである。

現在の地震保険は一等地から四等地までの四区域で保険料が違う。地域によって木造の家で三倍、木造ではないコンクリートなどの家では三・五倍の違いがある。いちばん保険料が高い四等地になっているのは東京都、神奈川県、静岡県だ。

この地域差は将来の地震危険度の全国地図を勘案して作られている。

だが一九八五年に地震学者が作った地震危険度の地図では、その後に起きた阪神淡路大震災、鳥取県西部地震、芸予地震、新潟中越地震、新潟中越沖地震の地域はいずれも最も安全なところとされていた。

地図は、歴史上分かっている地震のほか、活断層のうち活動度が分かっているものが起こす地震も入れてある。しかし最近のものも含めてこの種の地図は、将来、地震が起きるかどうかを見るためには信用できない地図なのだ。

いまの地震学では将来の地震の予測は出来ない。

地震保険は全国平均でまだ二六％にすぎない。これはまだ問題が多いからなのだろう。

44 「通電火災」も適用外、火災保険の問題点

火災保険が地震には使えないことを知っている人は多い。だが、阪神淡路大震災（一九九五年）のときに、延焼ではなくて九日もあとに発生した火事でも火災保険が下りなかったことを知っている人は少ない。

阪神淡路大震災では、約二九〇件もの出火があった。そして水道管が破損して水は出ず、消火能力をはるかに超えていたために火はその後何日も燃え続けた。燃えた総面積は約六六万平米にもなってしまった。火災で被災した世帯は九三〇〇以上にもなったが、このほとんどは延焼による被災だった。

復旧を急いだがゆえに

消防庁の調べでは出火件数のうち、当日の出火が二〇五件といちばん多かった。しかし当日ではなくて一日後のものが二一件、さらに二日目以降九日日までの出火が五八件もあった。

あとからの出火の多くは原因不明とされている。だが電力会社が送電を再開したために発火した「通電火災」もかなり含まれていたと考えられている。

地震後、電力会社は一刻も早く復旧しようとする。そして住民が住んでいるいないにかかわらず、電力会社は区域ごとに一斉に通電する。電気を流したときに、スイッチが入ったままだった電気器具や、壊れたり押しつぶされていたストーブやレンジや、傷ついた電気配線から出火することがある。

これが「通電火災」なのだ。米国でも地震のあとの多くの火災の原因になっている。

しかしこれらに火災保険は下りなかった。たとえ「地震後」の発火でも、被災者の要求に対してどの損保会社も火災保険金（や共済金）の支払いをしなかったのだ。

損保会社が支払わなかった根拠は火災保険に「地震免責約款」があることだった。

この約款は虫眼鏡を使わないと読めないような小さい字で書いてある。

そこには「（地震によって）延焼または拡大して生じた損害または傷害は除外する」とある。

都合次第でどうにでも

だがこの規定は、具体的にどんな場合がこれに当たり、どんな場合がこれに当たらないのか、はっきりしていないのだ。

それゆえ、この地震免責条項は損保会社の判断で、損保会社の都合のいいように拡大解釈されることにもなりかねないのである。

　阪神淡路大震災のときにも「地震直後に火が出たのならともかく、何日もたったあとでの原因不明の出火なのに火災保険を支払わないのは納得がいかない」「損保会社は地震免責とそれ以外の火災の線引きをどこでするのか合理的に説明してほしい」といった不満が多くの被災者から上がった。しかし保険会社は明確な説明をせず、火災保険は一件も支払われなかった。

　地震保険に入っている人はまだ少ないが、火災保険に加入している人は全国どこでもずっと多い。火災保険には問題があることをよく知っておくべきなのである。

45 目の前で大きくなる津波

東日本大震災（二〇一一年）のときに宮城県南三陸町の防災対策庁舎が津波に呑み込まれた。

この庁舎は高さ一二メートルの三階建て。その屋上を二メートルも超える津波が襲ってきて、屋上に避難していた職員など多数が犠牲になってしまった。高さ六メートルという当初の津波警報だったので内部で住民避難を放送で呼びかけていた職員も犠牲になった。

ところで、はるか遠くの海からこの高さの津波が来たと思っていないだろうか。「襲ってきた津波の高さ」は外洋での津波の高さではない。津波は眼の前で大きくなるものなのだ。

岩手県釜石から約四〇〜七〇キロ沖に実験的な海底津波計二台があった。ここで記録されたのは三メートルほどの津波だった。震源はさらに数十キロも先の深海だ。

急激な変化

海底で地震断層が動いたときに、その上にある海水を動かすことによって津波が生まれる。

こうして生まれた津波は沿岸に近づくにつれて大きくなる。水深五〇〇〇メートルのところで発生した津波は水深一〇メートルのところに来ると八倍以上もの高さにもなる。それは海が浅くなるほど津波の速さが遅くなって、後から来た津波のエネルギーが前の津波に追いついてしまって集中するからだ。

津波の速さは水深の平方根に比例する。水深が一〇〇分の一になれば津波の速度は一〇分の一になり、その分だけエネルギーが集中するのである。

津波は沖では小さい。知らずに沖で魚を獲っていた漁船が港に帰ってみたら、村が全滅していた悲しい話もあった。

地形も影響する

ところで、沿岸を襲う津波の高さを増大させるのは水深だけではない。海岸の湾の形によっては、平らな海岸線よりは、はるかに津波が大きくなる。

いちばん大きくなるのはV字型に凹んだ海岸だ。じつは三陸地方に多いリアス式海岸はこの形になっていることが多く、東日本大震災にかぎらず、過去たびたび大きな被害を生んできた。

湾に入ってきた津波のエネルギーが先へ行って湾が狭くなるほど集中することによるもので、

東日本大震災のときも、高さ四〇メートルを超える津波がV字型の湾の先で記録されている。

V字型のつぎに大きくなるのがU字型の湾だ。これもV字型ほどではないが、津波を増幅してしまう。

南三陸町はU字型の湾に面している。このため平らな海岸線のところよりもずっと大きな津波に襲われてしまったのだ。

他方、フラスコのように湾口が狭くて中で拡がっている湾は、津波が入ってきても大きくなることはない。その意味では東京湾は安心だ。

しかし、もし東京湾の中で津波を発生させる地震が起きたら話は別だ。沿岸に大都会があり、発電所や工場が沿岸にある東京湾は、たとえ小さな津波でも大被害を生む可能性が高いのである。

津波に乗り越えられてしまった釜石の防波堤。釜石もＵ字型の湾だ＝島村英紀撮影

46 揺れが増幅、地盤の複雑構造

二〇一四年三月一四日に愛媛県沖の瀬戸内海でマグニチュード6・2の地震があった。幸い死者は出なかったが、近隣の六県で二一人の負傷者、半壊の家二六軒が出た。

震源は伊予灘と報じられた。愛媛県の北側だ。しかし私たち地震学者から見ると、これは地下八〇キロのところでフィリピン海プレートが起こした地震で、震源の上がたまたま瀬戸内海だったのにすぎない。

不思議なプレート

この地震はいままでもくり返してきた。ひとつ前は二〇〇一年に起きた「芸予《げいよ》地震」でマグニチュード6・7と大きかった。このため被害は広く八県に及んで死者　人、家屋の全半壊は六〇〇棟を超えた。

もうひとつ前の地震はもっと大きかった。一九〇五年に起きた「明治芸予地震」はマグニチュード7・2。一一人の死者が出た。さらに前にも一八五七年、一六八六年、一六四九年に同じような地震が知られている。

ここの地下では南海トラフから潜り込んだフィリピン海プレートが北北西に向かって深くなっていって、プレートの先端は瀬戸内海から中国地方の地下まで達している。先端部の深さは地下一〇〇キロほどだ。地震がくり返している瀬戸内海の下あたりでプレートは不自然な曲がり方をしている。この曲がりが地震のくり返しに関係しているらしいが、なぜなのかは分かっていない。

ところで私たち地震学者には二〇〇一年の芸予地震は地下の岩盤と地表との両方に地震計があってその差が分かったことで記憶されている。

震源から六〇キロ離れていた広島市の北にある湯来町では、最大加速度が八三二ガルにも達した。四〇〇ガル以上は震度7相当なので、大変な加速度だった。一方、地下一〇〇メートルの基盤岩に設置してあった地震計では最大加速度は一五〇ガルにしかすぎなかった。地盤のせいで地表では六倍近く、震度にして2階級以上も増えてしまったことになる。

皿の上のこんにゃく

このように地表での地震の揺れは地下の岩の揺れよりもずっと大きくなる。広島だけではない。地盤による震動の増幅は皿に載せたこんにゃくを皿ごと振っているようなものだ。皿の動きより、上に載せたこんにゃくのほうがずっと揺れる。

もっと複雑な「増幅」があったこともある。

二〇〇九年八月に静岡県御前崎沖の駿河湾でマグニチュード6・3の地震が起きて震度6弱を観測した。近くにある中部電力の浜岡原発では五号機の原子炉建屋で四八八ガルを記録して原発は緊急停止した。耐震設計指針の基準値を超える加速度だった。数百メートルしか離れていないほかの原子炉よりも五号機だけが二倍も揺れたのだ。

地震の後でボーリングなど詳しい調査が行われた。そして地下三〇〇～五〇〇メートルのところにレンズ状の軟らかい地層が見つかった。下から上がってくる地震波を、凸レンズが太陽の光を集めるように五号機に向かって集中させたのだった。

地盤は地震の揺れを大きくする。そしてときには局所的にさらに大きくしてしまう。恐ろしいのは、地震が起きるまで分からないことがあることなのだ。

47 気象庁の机で寝ていた津波の電報

二〇一四年四月一日（現地時間）、南米チリの北部イキケ市の沖合一〇〇キロでマグニチュード8・2の地震が起きた。

翌日、日本でも津波注意報が出されて、北海道から八丈島にかけて一〇～六〇センチの津波が観測された。チリ沖で生まれた津波が、太平洋を横断してきたのだ。ハワイでも津波注意報が出た。津波が日本に来る前にハワイも通る。ハワイで警報を出したのは「太平洋津波警報センター」。米国の国立海洋大気圏局の傘下の組織だ。

このセンターができたのは一九四九年。その三年前の一九四六年にアリューシャン列島のマグニチュード8・1の地震から来た津波で四〇〇〇キロ離れたハワイが大被害を受けたのを契機に作られた。

四六年の地震の被害

この地震で震源に近いウニマク島で灯台が壊れて五人が流されたが、それ以外の地元の被害は限られていた。だがハワイの被害がずっと大きく、ハワイ島ヒロでは一五九人もが津波の犠牲になってしまった。誰も予想していなかった不意打ちだった。偶然の一致だがこの地震も四月一日に起きた。

その後、一九六〇年にチリ地震（マグニチュード9・5）が起きた。現在までの世界最大の地震だ。

この地震からの津波はやはり太平洋を越えた。地震から一五時間後にハワイを襲った津波はヒロで高さ一〇メートルにも達して、ハワイで六一人の犠牲者が出た。

二〇一四年四月のチリ沖の地震と同じように、この津波は地震後二三時間で日本まで到達した。

日本でも三陸海岸沿岸を中心に最大六メートルの津波が襲来し、一四二人の犠牲者を生んでしまった。建物の被害は四万六〇〇〇軒、船舶の被害も二四〇〇隻に及んだ。

当時の常識

じつは、このときにハワイの太平洋津波警報センターから日本の気象庁に津波の電報が届いていた。しかし、その電報は気象庁の係官の机の上で寝ていたのだ。

大失態には違いない。だが津波が太平洋を越えて反対側を襲うことを当時は気象庁は知らなかったのだ。

津波は逆方向でも太平洋を越える。東日本大震災のときには津波が日本からハワイを通って北米や南米の海岸に達した。

地震の七時間後、津波がハワイに到達し、高さ二〜三メートルに達して海岸のホテルのロビーが浸水した。米国の西海岸でもカリフォルニア州で死者一人、港湾や船舶も被害を受けた。

私の知人がそのときにたまたまハワイに観光に行っていた。海岸沿いの土産店にいたのだが、海岸通に次々に大型バスが来て、観光客をピストン輸送で高台に運んだのだという。その手際の良さは、津波の洗礼を何度も受けてきたハワイならではだった。

津波は地震よりも後から襲って来る。地震は不意打ちになる可能性が高いが、津波による人命の被害だけは避けることができるはずのものなのだ。

48 地震による新幹線事故は運次第か

JRがひそかに怖れていることがある。地震による新幹線の大事故だ。

新幹線が開業してから五〇年。この間、欧州では何度か大事故が起きたが、日本では人命にかかわるような事故は起きていない。

いままでの最大の事故は二〇〇四年、新潟中越地震（マグニチュード6・8）での上越新幹線の脱線事故だった。

走行中だった「とき三二五号」が脱線して傾いた。しかし幸い乗客乗員一五五人に死者も負傷者も出なかった。

たった三分の違い

この「三二五号」は新潟県長岡駅に停車するために減速中で、フルスピードではなかった。

そのうえいくつもの幸運が重なった。現場の上下線の間にある豪雪地帯にしかない排雪溝にはまり込んだまま滑走したことも、現場の線路がカーブしていなかったことも、現場が高架だったためにレールのすぐ脇がコンクリートだったことも、対向列車がなくて正面衝突をしなかったことも幸いだった。

そしてこの新幹線が東北・上越新幹線の初代の「ボディーマウント構造」の車両だったために台車のギヤケースという部品と脱線した車輪がレールを挟み込んでくれたことも転覆をまぬがれた理由だった。

じつは、これらの幸運よりもはるかに大きな「幸運」があった。地震が起きたのは一〇月二三日一七時五六分。そのわずか三分前にはこの「三二五号」は長さ八六二四メートルの魚沼《うおぬま》トンネルをフルスピードで駆け抜けていたのであった。

この地震で魚沼トンネル内はめちゃめちゃになった。レールの土台が二五センチも飛び上がり、一メートル四方以上の巨大なコンクリートが壁から多数落ちたほか、トンネルの各所が崩壊していたのだ。もし地震がちょうど通過時に起きていたら、新幹線が巻きこまれて大事故になっていたことは間違いない。

この魚沼トンネルは山を掘り抜いた「山岳トンネル」というものだ。阪神淡路大震災（一九九五年）では天井と床をコンクリートの柱で支えるトンネルが数カ所崩壊したが、それよりも地震に強いはずのトンネルだった。

山岳トンネルでもいままでに地震で無事だったわけではない。関東地震（一九二三年）以来一九もの山岳トンネルが壊れている。それが人命にかかわる大事故にならなかったのは、たまたま列車が通っていなかったからにすぎない。

着工予定のリニア新幹線はその八六%がトンネルだし、山陽新幹線も五一%がトンネルだ。「魚沼トンネルの再来」がいつ起きるか分からないのである。

大事故は避けられない？

だが危険はトンネルだけではない。阪神淡路大震災が起きたのは、新幹線が走り出す一四分前の朝五時四六分だった。地震には耐えるはずだった新幹線の鉄道橋がいくつか落ちたが、もし新幹線が走っていた時間帯だったら大事故になったに違いない。

東日本大震災（二〇一一年）でも新幹線が仙台近くで脱線した。これも運良く、乗客は乗っていない試運転中の列車だった。

これまで書いてきたように日本のどこでも直下型地震が起きうる。また「緊急地震速報」は直下型地震では間に合わない。いままでは運が良かった。しかし、これからも運がいいとは限らない。

49 盗まれた標石、科学の意外な落とし穴

アイスランドでは、見晴らしのいい丘の上に「+」の印の着いた金属棒や金属板や標石が取り付けられている。これらはアイスランドで生まれているユーラシアプレートと北米プレートの動きを測定するために測器を置く目印である。

科学者がときどき訪れて、その「+」の印の正確な位置を測る。これを繰り返すことによって、プレートの動きが知られるのだ。

だが、ほかの国ではアイスランドでは起きないことが起きる。

アフリカの東部の国々を縦断して「大地溝帯《だいちこうたい》」がある。ここは将来、アフリカ大陸が二つに割れて大西洋のような海になるところなので、世界の地球科学者の注目を集めている。

標石の下にはお宝？

私の同僚の科学者がここで標石を設置した。年に何センチかの割合で地面が割れていっているはずなので、また来たときに測定して変動を記録しようというわけである。

標石そのものは、何の変哲もない石の短い柱だ。上の面だけを残して、全体を地面の中に埋める。

ところが、この標石が消えてしまった。

大それた「犯意」があったわけではない。標石を埋める作業を地元の人たちが隠れて見ていた。よほど大事なものを埋めたに違いないと思ったのだろう。調査隊が帰ってから掘り出したものだと思われる。

短い石の柱だけのはずがないと思ったに違いない。その下、何もないところを何メートルも掘り返してあったそうである。

同じアフリカの大地溝帯の北部、別の国では私の知人のパリ大学のフランス人科学者が地震観測をしていた。

ところがある日、地震記録がストップした。調べてみたら地震計のセンサーから記録

地殻変動を研究するための標石（手前の岩、輪の中にあるステンレスの柱。アイスランドで）＝島村英紀撮影

器まで這わせていた信号ケーブルが切り取られていたのだ。

ケーブルはラクダの手綱になっていたのだった。銅の撚り線を塩化ビニールで覆ったケーブルは子供の指ほどの太さだ。しなやかで丈夫だし、見栄えもいいから、ラクダの手綱としては最高の材料であろう。

アフリカには限らない。すでに書いたように、パキスタンで二〇〇五年にマグニチュード7・6の大地震が起きて九万人以上の犠牲者を生んだ。

この大地震で地盤が大幅に緩んで地滑りが起きることが心配された。二次災害である。

このため、細い金属ワイヤーを張って、そのワイヤーの張力から地滑りを検知しようという観測器が日本の援助で設置された。

だが、日本の科学者が一年後に現地の機械を見に行ってみたら、そのワイヤーは地元の人たちの洗濯物干しになっていた。水平に長く張られたワイヤーは、洗濯物を干すためには理想的だったのであろう。

三年後にまた訪れてみたら、ワイヤーは消えていた。金属材料として売り払われてしまったに違いない。

科学にとっての落とし穴は意外なところに潜んでいるのだ。

50 事件・事故捜査に役立つ地震計

二〇一三年二月一五日の朝九時すぎ（現地時間）、ロシア西南部の都市チェリャビンスクに大きな隕石が落ちた。

この隕石は広島に落とされた原爆の三〇倍ものエネルギーを放出した。衝撃波で東京都の面積の七倍もの範囲で四〇〇〇棟以上の建物が壊れ、一五〇〇人もが重軽傷を負った。

隕石は太陽より明るい光の玉になって近くの湖に飛び込んだ。

隕石は、いつ、どこに落ちるかは分からないし、あまりに瞬間的なので一昔前だったら落下をカメラでとらえることは不可能だった。

しかしチェリャビンスクの隕石の落下はいくつものドライブレコーダーで鮮明にとらえられて、世界のテレビやインターネットで配信された。初めてのことだ。

ドライブレコーダーとは自動車の前方を常時監視する車載の動画カメラで、車が事故を起こしたり、またはスイッチを操作することで、ある事件の前後の記録を残すことができる。日本でもタクシーやバスが多く備えるなど普及が進んでいる。

いくつものドライブレコーダーの映像のおかげで、隕石がどういう軌跡をたどって地球大気に突入したか、どう分裂してどこに落ちたかが正確に記録された。

もちろん、これはドライブレコーダーの本来の使い方ではない、だが惑星科学に貴重なデータを提供してくれた。

優秀な書記官

ところで地震計も、本来の使い方ではない用途に「役立つ」ことがある。

一九八五年に日航ジャンボ機が群馬県上野村の御巣鷹《おすたか》の尾根に落ちたときは、いつ落ちたのかを警察が知るために地震計の記録の提供を求められた。

飛行機の墜落だけではない。花火工場の爆発。大規模な雪崩。地滑り。自衛隊基地での燃料タンクの爆発。これらの事件も近くの地震計に捉えられていた。

警察だけではなくて、事件の解明にあたる専門家に地震計の記録を提供したことも多い。地震計の感度は高い。人が歩く振動は一〇〇メートルも先から感じることができるし、列車ならば数キロ先でも検知する。しかも百分の一秒単位で正確な時刻も分かるようになっている。

つまり日本全国に置いてあって気象庁や大学などが日夜動かしている地震計は高感度の「地

面の振動」記録計でもあるのだ。

日本だけではない。二〇〇一年の九・一一事件で米国ニューヨークの世界貿易センタービル二棟にジェット旅客機が突っ込んだとき、そしてそれらのビルが崩壊したときの振動も地震計に記録されていた。現場の三〇キロほど北に米国コロンビア大学が持つ地震観測所があり、そこの地震計が記録していたものだ。

それぞれの「振動」のマグニチュードも地震計の記録から計算された。ジェット機の衝突そのものはマグニチュード0・9とマグニチュード0・7だった。最大の振動は第二ビルの崩壊でマグニチュード2・3、第一ビルの崩壊はマグニチュード2・1、八時間後に連鎖的に崩壊した第七ビルはマグニチュード0・6だった。

いずれも地震の大きさとしてはごく小さいものだ。しかしこれらの振動を地震計が記録していたときには多くの人命が失われていたのである。

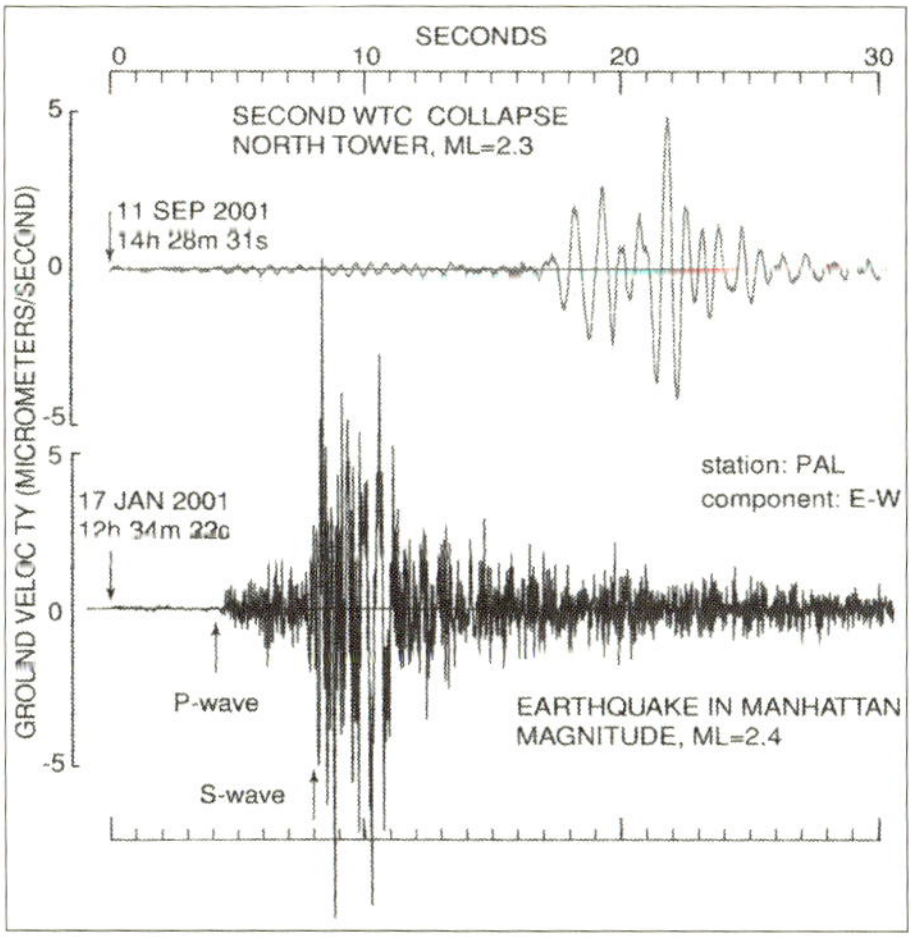

コロンビア大学の地震計がとらえたニューヨークのWTCビル崩壊。なお下の地震記録は自然地震

51 焼岳の群発地震、噴火の可能性も

二〇一四年五月三日の朝から岐阜県と長野県の県境で群発地震が続いた。最初の日に岐阜県高山で震度３の揺れを九回も記録するなど、有感地震だけで四一回もあった。高山市で民家二軒の石垣が崩れるなど小被害があった。

地震は最初は多かったが、その後減って数日に一度ほどになった。最大の地震のマグニチュードは４・５だった。

気象庁の発表だと震源は「岐阜県飛騨地方」と「長野県中部」に分かれていて、まるで別のところで地震が起きているように見える。だがこれは震源の計算結果のばらつきが、たまたま県境を越えただけなので、ひとつながりの群発地震なのだ。

火山活動と地震

この地震群は焼岳（標高二四五五メートル）の直下に集中している。震源の深さは地下五キロ以内で、ごく浅い。

焼岳は県境にある活火山で、南北に連なる飛騨山脈のひとつの山だ。地震は「オレが火山性地震だよ」と言って起きるわけではない。このため地球物理学者は起きた場所で判断するしかない。今回の群発地震は火山の直下で起きたので火山性地震の疑いが強い。

火山性の地震には、どこにでも起きる普通の地震と記録上は区別がつかないものが多い。そのほか「火山性微動」や「低周波地震」もある。火山性微動は噴火の直前に出ることが多い。今回は火山性微動や低周波地震は観測されていない。

じつは、この付近では過去たびたび群発地震が起きている。一九九八年にはもっと規模の大きな群発地震が起きた（一六三頁）。最大地震はマグニチュード5・4だった。その前にも一九九三年や一九九〇年にも起きた。

マグマは生きている

近年は群発地震が起きても噴火には結びつかないことも多かった。しかし焼岳は過去に大噴火したことも何度もある。たとえば一九一五年（大正四年）の噴火では大量の泥流が長野県・上高地にあった川をせき止めてしまった。水中に立ち枯れた木が景観を作って観光客に人気の大正池は、こうして出来た。

焼岳の現在までの最後の噴火は一九六二年。旧焼岳小屋が火山灰で押しつぶされて四名が負傷した。

以後、群発地震はあっても噴火はない。だが半世紀の休止は火山ではよくあることで、これからも噴火しないことはあり得ない。いずれ群発地震から噴火への道をたどることになろう。

噴火こそしなくても、焼岳の地下にあるマグマ関連の事件が起きたことがある。一九九五年のことだ。近くでトンネル工事をしていたときに火山性ガスを含む水蒸気爆発があって工事の作業員ら四名が犠牲になった。中部縦貫自動車道の安房トンネルの工事の取り付け道路の工事だった。

また土砂崩れや雪崩も発生、梓川になだれ込んだ土砂は六〇〇〇立方メートルにもなった。そしてトンネルの出口はもともと予定されていたところから変更された。

いまでも焼岳の山頂付近には有毒ガスが出続けている。地下のマグマはまだ生きているのである。

52 九八年焼岳地震の移動、連鎖反応の可能性

地震学者が地震に逃げられてしまったことがある。

前回は北アルプス焼岳の地下で続いていた群発地震の話をした。

このへんでは過去たびたび群発地震が起きた。一回前の一九九八年には、いまだにナゾがとけない不思議なことがあった。

群発地震はその年の八月七日、長野県の上高地で始まった。観光シーズンの盛りの時期だった。

上高地で始まった群発地震は西にある活火山・焼岳にしだいに近づいているように見えた。噴火の前兆かもしれない。地元に緊張が走った。

鬼ごっこで四苦八苦

険しい北アルプスの山岳地帯ゆえ地震観測所は離れたところにしかなかった。このため急遽、大学や気象庁の研究者が現地に向かい、上高地や焼岳で臨時に地震計を置きはじめた。

彼らの到着が遅かったわけではない。群発地震が始まって六日目には、地震計の設置を始め

ていたのだ。だが地震計を置き終わる前に群発地震の震源は上高地を離れて北にある穂高連峰や槍が岳の地下へ移動してしまった。一〇キロあまりを数日の間に動いたことになる。

そのうえ八月一六日、その活動域のいちばん北で、この群発地震で最大の地震が起きた。臨時に置いた地震計からはもっとも遠い場所だった。マグニチュードは5・4。二〇一四年五月の群発地震での最大のマグニチュードは4・5だったから、エネルギーが二〇倍近以上も大きな地震だった。

それだけではなかった。鬼ごっこでもするように、九月に入ると震源は北アルプス沿いにさらに北上。県境を越えて富山県に入った。上高地からは二〇キロ以上も北上したのである。そして、同年秋になると群発地震は県境付近で消えてしまった。まるで、臨時に置いた地震計を地震が嫌って逃げたように見える。地震学者は、いまだに何が起きたか分からない。

「留め金」がはずれていく

ところで、この地震群が移動した速さは、一日当たり一〜数キロだった。

以前に二八頁で「移動性地殻変動」の話をした。年に二〇キロほどの速さで動いていった地殻変動だ。北アルプスの地下を移動していった地震群の速さも、この速さとそれほどは違わない。

これはとても不思議な速さだ。

地球の内部でなにかが岩をかきわけながら動いていくにしてはあまりに速すぎるし、一方、秒速数キロで走る地震断層と比べると、けた違いに遅すぎる。

これは、地震が起きることによって「留め金」が外れて、次の地震が起きやすくなるという連鎖反応の結果かもしれない。動いていく速さは留め金が外れた次の地震がいつまで「我慢」できるかで決まる。

二〇一四年五月五日に相模湾の地下の太平洋プレートの深さ一六〇キロのところでマグニチュード6・2の地震が起きた。東京・千代田区で震度5弱を記録した。そして八日後に同じプレートの千葉県の東京湾岸の地下八〇キロのところでマグニチュード4・9、震度4の地震が起きた。前の地震がこの地震の留め金を外したかもしれないのである。

北アルプスの穂高連山（長野県蓼科からの遠望）。高いピークは左から奥穂高岳（3,190 m）、北穂高岳（3,106 m）―島村英紀撮影

53 日本特有 震度「一〇段階」のワケ

震度7の地震なのに、震度6としか記録されなかった地震がある。

その地震は福井地震（一九四八年）。マグニチュードは7・1。九頭竜《くずりゅう》川の柔らかい堆積物がたまった福井平野の北部では九八〜一〇〇％もの家が倒壊してしまった町や村もあった。地震が起きたのは夕方だったので屋外で農作業をしていた人も多かったが、それでも三八〇〇人余の犠牲者が出た。そのほとんどは福井市と坂井郡（現坂井市）に集中していた。人口比でいえば日本史上最大級の死者を生んでしまった。

気づかれない巨大地震

ところで、この地震が起きたことを東京の気象庁（当時は中央気象台）は翌日まで知らなかった。

当時は地震計の記録は現在のようにオンラインで東京に送る仕組みはなく、震度だけを東京に電報で知らせることになっていた。

福井県には福井地方気象台に地震計が一台あるだけだった。第二次世界大戦後三年しかたっておらず、この気象台も大戦での米軍の空襲で全焼してバラックの仮庁舎にいた。この庁舎が地震で全壊したので電報が送れなかったのだ。

このため、東京の気象庁に届いたのは近隣の県からの最大震度4という地震の電報だけだった。震度4なら珍しくはない。こうして大地震も、大被害も知らなかったのである。

この福井地震での最大の震度は6と記録されている。いまなら当然、震度7だったが当時の震度は6までしかなかったからだ。この福井地震の大被害を見て翌年気象庁は震度階に震度7を追加した。

震度の歴史

そもそも日本で震度を初めて決めたのは明治時代の一八八四年だった。そのときには微震、弱震、強震、烈震の四段階しかなかった。

その後、濃尾《のうび》地震（一八九一年）や大津波による甚大な被害を生んだ明治三陸地震津波（一八九六年）の大地震後の一八九八年には七段階になった。

弱震を「弱い弱震」と「弱震」に、強震を「弱い強震」と「強震」に分けて六段階とし、さらに人体には感じない「微震（感覚ナシ）」をつけ足して合計七段階としたものだった。

「弱い弱震」とか「弱い強震」は、なんともへんな名前だった。さすがに評判が悪かったのか、昭和三陸地震（一九三三年）のあとの一九三六年には七段階のまま、「弱い弱震」を軽震、「弱い強震」を中震と名前を変えた。

そして福井地震の翌年には、さらに震度7の「激震」を足した。こうして、無感、微震、軽震、弱震、中震、強震、烈震、激震の八段階になった。それぞれが数字に対応していて震度0から震度7までとされた。

さらに一九九五年の阪神淡路大震災以後、気象庁は震度の震度6と5をそれぞれ強弱の2つに分け、全体で一〇段階にした。だが世界でこの震度を使っているのは日本だけだ。世界のほとんどの国は一二段階の国際的な震度を使っている。

なお韓国では二〇〇一年に日本式の震度をやめ、国際的な一二段階のものに変更した。かつての植民地だった韓国は日本風の震度を「押しつけられた」と感じたのだろう。

54 日本でいちばん揺れた街を超える千代田区の「怪」

震度4とは歩いていても車を運転していても地震だと感じる揺れだ。天井からつり下げているものが激しく揺れたり、すわりが悪い置物が倒れる。しかし建物にはまず被害はない。

震度5になるとタンスなど重い家具が倒れたり棚にある食器類や書棚の本の多くが落ちる。マンションの入り口の鉄のドアが変形して開かなくなることもある。

地震にも格差社会が

第二次大戦後、震度5を超える地震に一六回も遭ったという町がある。北海道の襟裳《えりも》岬の近くにある浦河町である。

この同じ期間に大阪も札幌も、あるいは北海道の同じ太平洋岸にある室蘭でも震度5は一回もなかった。地震の起こりかたは世界的にはもちろん、日本の中でもとても不公平なのだ。浦河では平均四年に一回ずつ、震度5という大きな揺れを経験しているわけだ。うち五回は震度

6だった。

しかし浦河ではどの地震でも犠牲者は一人も出さなかった。

浦河の町に行ってみると、その秘密がわかる。瓦屋根はなく家はトタンの屋根だ。屋根が軽いことは地震の揺れには十分強いことなのだ。そのうえ雪が積もってもつぶれないように家も丈夫な作りになっている。

また町の中の道は広く、地震で火が出ても延焼することが少なくなっている。商店では地震で揺れても商品が落ちないような工夫がされている。つまり「地震馴れ」している町なのだ。

北海道は別々の島だった

浦河に地震が多い理由は、約二〇〇〇万年前、北海道の東半分と西半分が別々の島だった歴史にさかのぼる。北海道東部の地形がのびやかで、西半分の景色とはちがうのはもともと別の島だったせいなのだ。

その二つの島がプレートの動きに乗って近づいてきて、やがて衝突した。北海道の中央部を南北に走る日高山脈がその二つの島のつなぎめになっている。

日本列島はプレートに押されていて、そのために地震が起きたり火山が噴火したりしている。

だが北海道では、そのほかに昔の衝突の「残り火」が日高山脈の地下に残っているのである。

このため浦河付近では太平洋沖で起きる「海溝型の大地震」のほかに「日高山脈直下型の地震」も起きる。それゆえ海溝型地震が目の前に起きる釧路よりも地震が多い。

ところで東京（千代田区）は戦後の震度1の地震は二一七〇回で、浦河の一九六〇回よりも多い。全国でも多いほうなのである。小さい地震はプレートの活動の活発さ。つまりいずれ起きる大地震も含めて平均的な地震活動を反映するバロメーターのはずなのだ。

しかし不思議なことに東京都千代田区では震度5が東日本大震災（二〇一一年）と二〇一四年五月五日の伊豆大島近海の地震を入れても四回しかなく、震度6は一回もない。

だが、ここ数百年の期間で見れば首都圏での強い地震は決して少なくはない。関東地震（一九二三年）以後だけが異常に少ない期間が続いているのだ。東日本大震災以後、これが「普通」の、つまりもっと地震が多い状態に戻る傾向があるのが気がかりである。

55 超難題!! 日本でいちばん安全な場所とは

講演をしたときの質問でいちばん困るのは「どこに住めば、いちばん地震が少ないでしょうか」と聞かれることだ。

残念ながら地震学者には、日本で一番地震が起きにくいところがどこかは答えられない。

私が学生のころ、地震学者の大先生が作った地図では新潟が日本でいちばん安全なところとされていた。だが、その直後に新潟地震（一九六四年）が起きて大きな被害を生んでしまった。

この先生の研究に限らず、将来の地震危険度を表した地図は過去いくつもある。政府の委員会も権威があるはずの地図を発表している。

だがどの地図でも、安全だとされたところにその後、地震が起きた。福岡県西方沖地震（二〇〇五年）や、新潟県中越地震（二〇〇四年）や、新潟県中越沖地震（二〇〇七年）は、当時のどの地図にも危険度が低いとされていたところに起きた。福岡県西方沖地震は、日本史上初めて起きた地震だったのでまったくのノーマークだった。

いままでに起きた地震を日本の地図上に並べると、ほぼ全国にわたる。しかし中には白く抜けている領域がある。じつはこれがくせ者なのだ。

世界ではもっと話は簡単である。世界には先天的に地震が起きない場所が多いからだ。たとえば、カナダもオーストラリアもほとんどの場所が白く抜けている。ここには将来とも地震は起きない。

しかし日本では白く抜けているからといって、将来地震が起きないとは言えない。そこけいずれ地震を起こすべく、地下で地震のエネルギーが着々とたまっていっているところかもしれないからである。

残念なことに現在の地球科学では、地下にどのくらいの地震エネルギーがたまっているかを知る方法はない。

新潟の二つの地震の前にはここは見事に白く抜けていたし、阪神淡路大震災（一九九五年）の前にも真っ白であった。

日本は四つのプレートが衝突しているところだ。それゆえプレートが押し合っている最前線はもちろん、日本の地下のほとんどのところでは岩のひずみがたまっていっているのだ。世界でも二つのプレートが押し合っているところは地震が多い。しかし四つものプレートが押し合っているのは、世界広しといえども日本だけなのである。

ところで、北海道のオホーツク沿岸だけは、日本では珍しく、地震が起きそうもないところだ。これは、北海道の東半分が別のプレートに載ってきた島が西半分と衝突したところなので、プレートの性質が違うせいなのである。

もし、地震がとても嫌いな人がいたら、オホーツク沿岸に住むのがいいかもしれない。だが、とても寒いところなのは覚悟してほしい。とくに冬の後半から流氷が接岸しているあいだは寒い。

オホーツク海沿岸にある紋別は、冬は流氷に閉ざされる＝島村英紀撮影

56 年に五万回、マグマが起こした群発地震

長野県には年に五万回もの有感地震に揺すぶられた町がある。ここでは二年間に九回も震度5に襲われた。

この町は長野市の南東にある山間の町、松代《まつしろ》。いまは長野市の一部になっている。

群発地震が始まったのは一九六五年夏。東京よりずっと地震が少ないところだから、日数回の有感地震でも目立った。

地震は日に日に増え続け、一日数十回から、秋には一日に一〇〇回を超えた。人々に不安が拡がった。翌年になると地震は減りはじめた。やっと峠を越えたかという安堵が人々の心に芽生えた。

だが地震は人々を裏切った。三月からは一転、あれよあれよという間に地震の数は増え続け、五月には有感地震は一日約七〇〇回にもなった。地震計だけが感じるもっと小さな地震まで数えれば一日に七〇〇〇回以上。平均五秒に一回というすさまじいものになった。つまり地面はほとんど揺れ続けていたのだ。

地震の回数が増えるにつれて大きい地震も混じった。五月には震度4の地震が三七回、震度5も八回あった。

震度が5だと家が倒れる心配がある。夜も眠れない。群発地震から大地震に至った例もあるから、人々の恐れは頂点に達した。

だが幸いそれ以上の大地震は来ないまま、地震の数は再び減りはじめた。六月には有感地震が一日二〇〇回、七月には一日一五〇回ほどになった。これでも前年秋に大騒ぎになったときより多かったのだが、ようやく終わりに向かったのではという期待が人々の心にふくらんだ。

ところが、まだあったのだ。八月から地震がまた増えはじめ、その月のうちにまた一日五〇〇回もの有感地震に揺すぶられることになった。群発地震が始まってから一年以上、人々は終わりの見えない地震に翻弄されて疲れきっていた。

しかしこれが最後だった。地震はその後順調に減りつづけ、一年半ぶりにようやく群発地震がはじまった初期の水準にまで戻った。

地震のほかに奇妙なことがあった。一九六六年春から途方もなく大量の水が震源の近くの皆《みな》神山《がみやま》から湧き出してきたのだ。夏には毎分二トン近くにもなった。家庭用の風呂を六秒でいっぱいにしてしまう勢いである。

松代の地下で何が起きたのか分かったのは、その後、研究が進んでからだった。

それによればこの群発地震は、火山地帯でもない場所に地下からマグマが上がって来て起こしたものだった。そしてマグマは途中で冷えて固まってくれた。大量の水も、マグマが地下深くから運んできたものだった。

北海道函館の沖の津軽海峡でも一九七八年から一九八二年にかけて群発地震が起きて観光客も減った。震源は沖なのに函館でも三八回の有感地震を感じた。

これも上がってきたマグマが起こしたもので、マグマは途中で止まったと考えられている。

火山がないところだと安心してはいけない。どこにマグマが上がってくるかわからないのだ。

松代で群発地震とともに大量の水が噴き出した皆神山（手前のふたつコブがある山）＝島村英紀撮影

57 人間が起こした地震①——人間でも地震の引き金を引けるときがある

阪神淡路大震災（一九九五年）のときに間一髪で被害を免れた評論家の故小田実は、当時造られつつあった明石海峡大橋の工事が天に唾する行為で、それが阪神淡路大震災を引きおこした兵庫県南部地震（マグニチュード7・3）を起こしたに違いない、と書いた。地震直後の行政の対応や、かねてからの神戸周辺の開発行政に怒り心頭に発していたのであろう。

また作家の野坂昭如も阪神淡路大震災について文章を残している。それには、戦前の大水害や第二次世界大戦での空襲の大被害からの戦後の復興がめざましかったばかりではなく、その後の市街地開発や山を削って海を埋め立てる国土改造の先兵だった神戸をこの地震が襲ったこと、しかも季節が冬で、新幹線が通る寸前の明け方だったことに神の存在を確信する、と書いてある。

引き金を引くことはできる

もちろん、エネルギー的には、神ならぬ人間が大地震を起こせるわけではない。大地震のエネルギーは大きな発電所の何百年分もの発電量に相当するから、おいそれと人間が作り出せるエネルギーではない。

しかし、人間は間接的には地震を起こせないことはない。つまり、地震が起きそうなだけ地下にエネルギーがたまっているときには、人為的な行為が地震の引き金を引くことはできるのだ。

そのことが最初に分かったのは一九六二年のことだった。米国のコロラド州で放射性廃液の始末に困って、三六七〇メートルもの深い井戸を掘って捨てたときだった。米空軍が持つロッキー山脈兵器工場という軍需工場の井戸である。それまでは地表にある貯水池に貯めて自然蒸発させていた。厄介ものの汚染水を処分するには自然蒸発よりはずっといい思いつきだと思って始めたのに違いない。

廃液処理を始めたのは一九六二年三月だった。三月中に約一万六〇〇〇トンもの廃水が注入された。大量の汚染水を捨てるために、圧力をかけて廃水を押し込み始めたのである。

予想外の地面の変化

すると四月になって間もなく、意外なことが起きた。もともと一八八二年以来八〇年間も地震がまったくなかった場所なのに地震が起きはじめたのだった。

多くはマグニチュード4以下の小さな地震だったが、なかにはマグニチュード5を超える結構な大きさの地震まで起きた。生まれてから地震など感じたこともない住民がびっくりして、地元では大きな騒ぎになった。

そこで、一九六三年九月いっぱいで、いったん廃棄を止めてみた。すると、一〇月からは地震は急減したのである。しかし、廃液処理という背に腹は替えられない。ちょうど一年後の一九六四年九月に注入を再開したところ、おさまっていた地震が再発したのである。

明らかな因果関係

それればかりではなかった。水の注入量を増やせば地震が増え、減らせば地震が減ったのだ。

一九六五年の四月から九月までは注入量を増やし、最高では月に三万トンといままでの最高に達したが、地震の数も月に約九〇回と、いままでいちばん多くなった。水を注入することと、地震が起きることが密接に関係していることは確かだった。

量だけではなく、注入する圧力とも関係があった。圧力は、時期によって自然に落下させたときから最高七〇気圧の水圧をかけて圧入するなど、いろいろな圧力をかけたが、圧力をかければかけるほど、地震の数が増えた。

このまま注入を続ければ、被害を生むような大きな地震がやがて起きないとも限らない。地元の住民が騒ぎ出し、この廃液処理計画は一九六五年九月にストップせざるを得なかった。せっかくの厄介者の処理の名案も潰えてしまったのであった。

地震はどうなっただろう。一一月のはじめには、地震はなくなってしまったのだ。水を注入したことと、地震の発生の因果関係は明らかであった。

地震の総数は約七〇〇回、うち有感地震は七五回起きた。

岩が滑りやすくなる

では、地下ではなにが起きていたのだろう。岩の中でひずみがたまっているとき、水や液体は岩と岩の間の摩擦を小さくして滑りやすくする、つまり地震を起こしやすくする働きをするのだ。いわば、地下のエネルギーを解放する「引き金」を引いてしまったのである。

地下に入れた廃水の総量は六〇万トンだった。震源は井戸から半径一〇キロの範囲に広がり、震源の深さは一〇キロから二〇キロに及んだ。これは井戸の深さの数倍も深い。

震源が井戸より深かったのは、人間が入れた液体が岩盤の割れ目を伝わって深いところにまで達して、そこで地震の引き金を引いたのに違いない。あるいは、長い列車の後ろを押すと、いちばん前までの全体が動くように、注入した水の圧力が深くまで伝わったせいかもしれない。

もうひとつ同じような例がある。場所は同じコロラド州だが、西部にあるレンジリーというところで、実験に使った井戸は、使わなくなった油田の井戸だった。

このときには、コロラドの軍需工場での廃液処理の前例があったために、地震との関連をくわしく見るために、計画的に水の注入と汲み上げが行われた。井戸のまわりには多数の地震計が置かれて、地震を監視することになった。

この油田で石油の深い井戸に水を注入したところ、やはり地震が起きた。じつは水の注入は原油の産油量を増やすためによく行われることだ。このときも、水を注入したときには地震の数は月に十数回になり、最大の地震のマグニチュードは4を超えた。また、水を汲み上げたときには、明らかに地震は減った。また、水を注入する圧力がある閾の値を超えると、地震が特に増えるようであった。

日本でも例がある。一七五頁で話した長野県の松代町（現長野市松代町）では、群発地震が終わったあと、一八〇〇メートルの深い井戸を掘って、群発地震とはなんであったのかを研究しようとした。その井戸で各種の地球物理学的な計測をしたときに、水を注入してみたことがある。二回にわたって計二八八三立方メートルの水を入れた。

このときも、水を入れたことによって注水前は一日一回くらいしか起きていなかった小さな地震が、最大で一日五四回も起きたことが確認されている。しかもこのときは、米国の例よりもずっと弱い一四気圧という水圧だったのに、地震が起きた。

58 人間が起こした地震②――ダム地震の被害

深い井戸に水を注入したら地震が起きたほかにも、ダムが地震を起こした例も世界各地にある。ダムを作ったあとでいままで起きなかった地震が起きたり、あるいは元からあった地震がダム以後に増えたことが世界各地のダムで確認されているのだ。

こちらは意図して水を地下に注入したわけではない。ダムが地震を起こすのは、ダムに溜められた水が地下にしみこんでいくことと、ダムに溜められた水の重量による影響と、両方が関係すると思われている。ダムの高さが高いほどしみ込む水の圧力が高く、また水の重量も大きいだろうから地震が起きやすいと一般には考えられている。

しかし、これらのダム地震については、まだ研究が進んでいない面が多い。たとえばヒマラヤ地方では、高さ二〇〇メートルを超えるダムをはじめ、ほかのダムでも地震が起きているようには見えない。どこのどういうダムで地震が起きるのかは、まだほとんどわかっていないのである。

ダムによる地震で有名なものは一九六七年に起きた。インド西部でマグニチュード6・3の地震が起きて一七七人、一説には二〇〇人が犠牲になったほか、二三〇〇余人が負傷した。この地震は近くにコイナダムという高さ一〇三メートルのダムを造ったことによって引き起こされたものだというのが地震学者の定説になっている。

このダムで貯水が始まったのは一九六二年だったが、それ以後、それまでは地震がほとんどなかったところなのに、小さな地震が起き始めた。これらの地震はせいぜいマグニチュード4クラスだったが、起きた場所がダムとそのすぐ近くの二五キロメートル四方の限られた場所だけに限られていた。ダムの周囲はもともと地震活動がごく低いところで、周囲一〇〇キロで地震が起きているのはここだけだったから目立った。

震源の深さは六～八キロだったが、ダムの高さは一〇三メートルだから、ダムの底よりはずっと深いところで地震が起きていたことになる。

貯水が始まってから五年目の一九六七年になって、まず九月にマグニチュード5を超える地震が二回起き、ついに一二月にマグニチュード6・3の地震が起きて大きな被害を生んでしまったのであった。

その後もマグニチュード5を超える地震が数回起きているが、この大きめの地震はいずれもダムの水位が一週間あたり一二メートル以上と急激に上がったときに起きた。

このダムでは貯水開始以来ずっと地震の観測が続けられていて、雨が降ると小さな地震が増えるという関係も見られていた。雨が降ると貯水量が増え、それが地震を増やすのだろうと思われている。ダムの水量と地震の関係は、ここでは明らかなのである。

雨といえば、大西洋のまん中にあるアゾレス諸島では、雨が降ると地震が起きる。

アゾレス諸島はポルトガル領の島で、島民は漁業や農業で暮らしている。日本とは地球の反対側だが、日本との縁は浅くない。この島に上がったマグロの多くは遠く日本まで運ばれる。いちばん高く買ってくれるのは日本だからであ

アゾレス諸島では雨が降ったあと、地震が起きる。サンミゲール島にある巨大な噴火口＝島村英紀撮影

る。

アゾレス諸島は七つの島からなるが、そのどれもが火山島で、島にある山の頂上に登ると、足下に深い火口がぽっかり口を開けていて足がすくむ。ここでは雨が降ると約二日後に、被害は起こさないが人間が感じる程度の地震が起きる。つまり火山のカルデラに雨がしみこんで、その地下水が地震を起こすのである。

世界最大の人造湖

また、アフリカのローデシアとザンビア（ジンバブエ）の国境にダムが作られ、一九五八年から貯水を始めた。高さが一二八メートルあるダムで、世界最大の人造湖カリバ湖が出来た。

ダム建設前から近くで小さな地震が起きているところではあったが、貯水が始まってから満水になった一九六三年までに地震が急増し、二〇〇〇回以上の局地的な地震が起きた。そして満水になった年には、マグニチュード5・8の地震が起きて近隣に被害が出るほどになった。

このほか、ギリシャのクレマスタ・ダムでも一九六五年の貯水開始後に地震が起き始め、四ヶ月後には地震が急増、七ヶ月後にはマグニチュード6の地震が起きて、やはり被害が出た。

また、旧ソ連のタジキスタンに作られた高さ三一七メートルの巨大なヌレクダムでは、完成前に貯水を始めたとたんに近くの地震が増え始め、その後も小さな地震が起き続けている。このダムは世界で最も高いアースフィルダムである。

米国のネバダ州とアリゾナ州にまたがるフーバーダムは高さ二二一メートルもある大きなダムだが、一九三五年に貯水を始めた翌年から地震が増え、一九四〇年にはこのへんでは過去最大になったマグニチュード5の地震が起きた。地震の震源は地下八キロにあった。もちろんダムの底よりはずっと深い深さだ。しかし、これもほかのダム地震と同様、ダムを作ったために起きた地震だと考えられている。

大地震が、ダムが出来てから二〇年近くもたってから起きた例もある。エジプトのアスワンハイダムで、貯水が始まったのは一九六四年。一九七八年に一七八メートルの水位に達したあと、一九八一年一一月にマグニチュード5・6の地震が起きた。貯水開始後一七年もたってからである。エジプトの三〇〇〇年以上の歴史の中で、このあたりに地震が起きたことはない。たぶん史上初の地震を起こしてしまったのであろう。

そのほか、高さ一〇五メートルの中国広東省にある新豊江ダムでも一九五九年にダムの貯水が始まったあと地震が増え、一九六二年にマグニチュード6・1の地震が起きた。この地震ではは幸いダムは壊れなかったものの、ダムの補強が必要になったほどの被害があった。この地震後も小さな地震は活発に起きていて、地震後一〇年で地震の数は二五万回にも達した。

　中国ではこのほかのダムでも地震が起きており、二〇〇九年に出来た世界最大の多目的ダム、三峡ダムもいずれ地震を起こすかも、と考えている地震学者は多い。

因果関係はまだわからないダムも

　地震は自然にも起きるものだから、起きた地震がダムのせいであったかどうか、議論が分かれている地震もある。たとえば、一九九三年にインド南部でマグニチュード6・2の地震が起きて、一万人もの死者と三万人もの負傷者を生んだことがある。約一〇キロ離れたところに出来たダムからしみこんでいった水が起こした地震ではなかったかと考えている地震学者もいる。

　また、死者二九名を生んだ一九八四年の長野県西部地震（マグニチュード6・8）もその三年前から貯水を始めていた近くの牧尾ダムが起こしたダム地震ではなかったかという学説もある。

　また一九六一年の北美濃地震（マグニチュード7・0、死者八名を生んだ）も一年前に貯水を始めた近くの御母衣《みぼろ》ダムとの関連を疑っている学者もいる。しかし、議論の決着はついていない。

このほか四川大地震（二〇〇八年五月、一〇万人以上が犠牲になったといわれる）が、四川省に作られていた紫坪鋪《ジピング》ダムによるものではないか、と中国政府の一部の関係者や科学者が主張し、自然災害だとする人々と対立している。このダムは震源からわずか五キロのところにあり、最大一一億立方メートルの水を蓄えることができるダムだ。

イタリアのダムは廃棄に

その他、ダムで起きる地震が地滑りを起こしてダムを溢れさせ、大被害を起こしたこともある。

イタリアにあるバイオントダムはイタリアのヴェネト州ピアーヴェ川の支川ヴァイオント川の深い渓谷に作られたアーチ型のダム。一九六〇年一一月に完成した。当時、堤高二六二メートルと当時の世界最高だったダムである。

しかし、このダムでは貯水開始後、ダムに起因すると思われる地震が頻発するようになり、そのために地盤が弱くなっていたのだろう、水深が一三〇メートルとなった時点で最初の地滑りが発生した。この地滑りで貯水池が二分されてしまった。このため、二つの貯水池を結ぶバイパス水路が作られて、ダムとしての機能を維持した。

しかし、その後の一九六三年、記録的な豪雨に見舞われ、九月には貯水量を下げるため放水が行われたが、一〇月九日夜、ダムの南岸の山が二キロ以上に渡って地滑りを起こして崩壊してしまった。

このため、二・五億立方メートル以上という大量の土砂がダム湖に流れ込み、ダム地点で最大の高さ一〇〇メートルを超す「津波」を引き起こし、五〇〇〇万立方メートルの水が溢れた。

この濁流はダムの北岸と下流の村々を押し流し、ダムの工事関係者と下流に住む人二一二五人が死亡し、五九四戸の家屋が全壊するという大惨事となった。

しかしダム自体は、最上部が津波により損傷した以外はほとんど損害は無く、現在も水が溜まっていないダムの本体だけが残っている。しかし、ダムとしては放棄されて、水は溜まっていない。

二〇〇八年にユネスコは国際惑星地球年の一環としてバイオントダムの事故を技術者と地質学者の失敗による「世界最悪の人災による悲劇」のワースト五の一つに認定した。

ダムの危険性

このバイオントダムは溢水によって下流で多数の犠牲者を生んだが、そもそもダムは溢水にせよ崩壊にせよ、下流にとっては大きな危険物なのである。

東日本大震災では津波の被害だけがクローズアップされているが、それ以外の被害も、もちろんあった。そのひとつが地震によってダムが決壊して、下流の家や人を押し流すダム決壊の災害である。

この地震で福島県須賀川《すかがわ》市にある藤沼ダムが決壊して、藤沼貯水池の水が下流を襲った。濁流が家屋をのみ込んで七人が死亡、一歳の男児一人が行方不明になった。また家屋一九棟が全壊・流失し、床上・床下浸水した家屋は五五棟にのぼった。水の力だけではなく流木による破壊が激しかったと考えられている。

このダムは太平洋から内陸に約七五キロ入ったところにあり、一九四九年に完成した灌漑《かんがい》に使う農業用水のためのダムだ。土を台形状に固めた「アースフィルダム」である。

ダムの高さは一八メートル、幅は一三三メートルだったが、地震とともにダムが全幅にわたって決壊して、田植え時期をひかえてほとんど満水だった約一五〇万トンの水が、多くの樹木を巻き込んだ鉄砲水となって下流の集落を襲った。ダムの下流約五〇〇メートルのところにある滝地区でも高さ二メートルを超える泥水の痕跡があった。

地震による農業用ダムの貯水池の決壊で死傷者が出たのは世界でも珍しいと報告されている。

しかしダムが地震で決壊した例は過去にないわけではない。一八五四年の安政南海地震で満濃池（香川県）が決壊している。これも高さ一五メートルを超す大きなダムだった。

藤沼ダムは一九五七年に制定されたダムの設計基準より前に作られた古いダムだ。それゆえに弱かったのかもしれない。日本中で、老朽化したダムを中心にダムの耐震性を再点検する必要性があろう。

ダムの決壊や溢水による濁流は津波による被害と似た被害を引きおこす。しかし、地震の揺れを感じてから数十分あとで襲ってくる津波と違って、地震直後に起きる。つまり逃げろ時間がない間に襲ってくるという恐ろしさがある。

大量の水を湛えたダムの下流に多くの人が住んでいる例は日本では多い。この藤沼ダムの現地での震度は5弱だった。たとえダムそのものが地震を起こさなくても、大きな震度があり得る直下型地震がどこで起きるか分からない日本では、ダムによる被害は考えておくべきことだろう。

59 人間が起こした地震③——シェールガス採掘の問題

新潟県中越地震（二〇〇四年）はマグニチュード6・8で六八名の死者を生み、中越沖地震（二〇〇七年）もマグニチュード6・8で死者一五名だった。これらの地震、中越地震のときには、震央から約二〇キロ、新潟県中越沖地震のときにも反対側にやはり二〇キロしか離れていないところに「南長岡ガス田」（新潟県長岡市）があった。ここでは地下四五〇〇メートルのところに高圧の水を注入して岩を破砕していた。

このガス田は一九八四年に生産を開始していたが、二一世紀になってから「水圧破砕法」（後述）を使いはじめていたのだった。この水圧破砕法によって、ここではガスの生産を八倍にも増やすことに成功したといわれている。

二酸化炭素処理

それだけではなかった。ここでは、地球温暖化で問題になっている二酸化炭素を液体にして、地下深部に圧入する実験も行われていた。ここでは、経済産業省の外郭団体である地球環境産業技術研究機構が主体となって、二〇〇三年から、南長岡ガス田の地下に二酸化炭素を圧入する実証実験をやっていたのだ。地下約一一〇〇メートルに一日二〇～四〇トン、合計で一万トン以上という大量の二酸化炭素を地中に圧入する実験だった。

　これは地球温暖化の元凶である二酸化炭素を将来、大量に処理するための実証実験だった。二酸化炭素の回収技術は、肥料生産工場などですでに実用化されている。また、地中貯留は、石油掘削技術や、天然ガスの地下貯蔵や石油増進回収（ＥＯＲ）等で蓄積された技術があり、それを二酸化炭素の圧入・貯留に応用できる、という意味で工学的には実用的な技術として期待されているのだ。

　圧入は二〇〇三年七月七日に開始、その年度は一日二〇トンで、二〇〇四年度は一日四〇トンで圧入した。その後、二酸化炭素供給工場の定期点検・整備や二酸化炭素の供給逼迫期の圧入休止による一時中断や、新潟県中越地震後の一時的な圧入の中断（二〇〇四年一〇月二三日～一二月六日）はあったものの、二〇〇五年一月まで実験が続けられた。一日に二〇～四〇トン、約一年半かけて、合計一万四〇五トンもの大量の二酸化炭素を地下深部に圧入したことになる。

　圧入された深さは一一〇〇メートルだが、背斜構造になっているいちばん上部の場所だから、地層としては、ずっと深いところまで連続している地層である。つまり液体を通さない層（キャップロック）が傘のようにある、その頂上部の内側に、圧入したことになる。

また、地層は岩相から五つのゾーンに区分されていたが、圧入した地層はそのうちの浸透性がもっともいい第二ゾーン（層厚は約一二メートル）を選んでいた。つまり、圧入した二酸化炭素が、もっとも遠くまで行きやすい層を選んでいたわけだ。圧入された二酸化炭素は、「傘」の内側に沿って、下の遠くに運ばれていったに違いない。

なお、実験が終わったいまは、地上設備も撤去されている。

この実験期日からいえば、実験開始から一年後に新潟中越地震が発生したことになる。この圧入井戸は震源（壊れはじめの地点）から二〇キロメートルしか離れておらず、地震学的には、ほとんど震源断層の拡がりの中にある。

新潟中越地震の震源の分布図（東京大学地震研究所）によれば、余震分布の上限は四〇〇〇メートル程度、本震の深さは一三キロだった。ここでいう「本震」とは地震断層の「壊れはじめ」で、本震の震源断層は余震域全体に拡がっていたと地震学では考えられている。

新潟県中越地震の震央から約二〇キロ、新潟県中越沖地震（二〇〇七年）のときにも反対側にやはり二〇キロしか離れていないところにこの南長岡ガス田があったわけだから、これらの二つの震源に極めて近いところで水圧破砕法や二酸化炭素の圧入実験の「作業」をしていたことになる。

いまの学問ではこのガス田での作業が地震を引き起こしたという明確な証拠はない。しかし、まったく関係がなかったということも、もちろん証明できないのである。

新エネルギーの希望の星、シェールガス採掘も地震を起こす

地震学の教科書には、「米国では西岸のカリフォルニア州と北部のアラスカ州だけに地震が起きる」と書いてある。

しかし情勢は変わった。二〇一四年六月には米国南部にあるオクラホマ州で起きた地震が全米一になったのだ。オクラホマ州は二〇一三年に巨大な竜巻に襲われたなど、竜巻で有名なところだ。ハリケーンなどの気象災害では名前をよく聞く州だが、地震のニュースは珍しい。

オクラホマ州では二〇〇八年までの三〇年間に起きた地震は、ごく小さなマグニチュード3まで数えても二回しかなかった。つまり先天的な無地震地帯だった。

だが二〇〇九年には二〇回、二〇一〇年にはさらに増えて四三回の地震が起きた。その後ほとんど毎年増え続けて二〇一四年は六月一九日までに二〇七回に達した。

この数は二〇一四年の同じ期間でのカリフォルニア州の一四〇回を抜いた。全米一になったのだ。地震の数が増えるとともに、最近は大きめの地震も混じるようになっている。七月一二日にはマグニチュード4・3の地震が起きた。

米国で地震観測を担当するのは米国地質調査所だ。その専門家は「過去半年の地震発生頻度を見ると、さらに大きく破壊的な地震の発生を懸念する理由は十分にある」と警告した。

このほか七月一二日から翌日にかけて七回の地震が相次いだ。棚から物が落ちたり、建物に亀裂が入った。いままで地震がなかっただけに、結構な騒ぎになっている。

震源は州都オクラホマシティから北に隣接するローガン郡にかけて拡がり、震源の深さは八キロと浅い。

私が地震学者として思い当たるのはシェールガスの採掘である。新エネルギーの希望の星、シェールガス採掘は、じつは米国各地でいままでに起きなかった地震を誘発しているのだ。シェールガス採掘には「水圧破砕法」という手法を使う。化学物質を含む液体を地下深くに高圧注入して岩石を破砕することによって、シェール（頁岩＝けつがん）層に割れ目を作る。同時に砂などの支持材も注入して割れ目を確保して、そこから層内の原油やガスを取り出すという掘削法である。

このときに使う化学薬品が有毒なもので、地下水を汚染するのではないかという心配がある。しかし、ここでは「液体を深い地下に圧入する」手法について話そう。

この本を読んでこられた方々は、このような「作業」が地震を起こすのではないか、と思い当たるだろう。

その通り、この水圧破砕法は、地震がない米国各地で地震を頻発させているのである。

オクラホマ州の北東にあるオハイオ州でも、最近起き始めた地震は同州北部の天然ガス井の周辺だけで起きていた。

この地域は「ユーティカ頁岩層と呼ばれる広大なシェール層にあたり、水圧破砕法による天然ガス掘削が大々的に行われているところだ。オハイオ州の推定埋蔵量は最大五五億バレルの石油と四二五〇億立方メートル相当の天然ガスだといわれている。

ここでは二〇一一年一二月二四日にマグニチュード2・7の地震が発生した後、注入井を密かに一時閉鎖していた。大みそかの三一日には、同州でかつて起きたことがないマグニチュード4・0の地震が発生した。震源はオハイオ州北部のヤングスタウン近郊で、米エネルギー大手D&Lエナジーが採掘している天然ガス井に近い。このためこの地震後には、その注入井から半径八キロ以内の注入井にまで閉鎖範囲を拡大したのだった。

オハイオ州だけではない。二〇一一年、アーカンソー州でも大規模な群発地震が発生したので、当局は注入井二か所の操業を一時停止させた。マグニチュード3や4とはいえ震源のごく近くでは大きな揺れになって、井戸や掘削装置の破壊や環境汚染を起こすかもしれなかったからだ。

その前二〇〇九年にもテキサス州フォートワースとダラス周辺の注入井とその近辺で発生した地震との関連性が確かめられている。

米国内陸部のアーカンソー州、コロラド州、オクラホマ州、ニューメキシコ州、テキサス州でマグニチュード3以上の地震が、二〇一一年段階ですでに二〇世紀の平均の六倍にも増えている。いずれもシェールガス採掘が最近盛んになった州だ。

さて、地震がなかった米国内陸部でも、いずれ被害地震が起きるのだろうか。

60 人間が起こした地震④——技術の落とし穴

見てきたように、世界各地で行っている開発や生産活動が、知らないあいだに地震の引き金を引いてしまうことがある。図らずも人間が起こしてしまったこれら「人造地震」は、学問的には「誘発地震」という。英語では induced seismicity である。世界各地ですでに一〇〇ヶ所近くの場所で起きたことが知られている。

このため国際的な地震学会が開かれるときには、この誘発地震が特別なセッションになっていることが多い。また研究書も刊行されている。

この種の地震が世界各地に起きていて、日本だけ起きないという理由はあるまい。しかし国際的にも地震学の高い研究レベルを誇り、地震学者の数も世界最多である日本での研究は進んでいない。

それには二つの理由がある。ひとつはもともと地震活動が盛んなところなので、起きた地震が自然に起きたものか、誘発地震かを見分けることがむつかしいことである。

もうひとつは政府や電力会社が、この方面の研究を好まないことだ。

このため日本では研究者がほとんどいなくて、研究も行われていない。日本の地震学者たちが使っている研究費のほとんどは政府から来る金、つまり国費で、残りのわずかも、電力会社や損保会社から来ていることも関係している。

じつは電力会社がそれぞれのダムに設置している地震計のデータも非公開なのである。ある国立研究所に属する地震学者がダムが起こす地震をテーマにして学会発表しようとしたことがある。

ところが、事前に発表の内容を役所に見せるように言われた。発表を事前にチェックされるのは異例のことだ。そのうえ学会まで、お役人が発表を見に来たのであった。

ダム地震以外では過去に起きた世界最大の誘発地震？

誘発地震のうち、いままでに起きた最大の地震のマグニチュードは、大きな被害を出したコイナダムの地震など、ダムの地震ではマグニチュード6を超えているが、その他の誘発地震ではもっと小さく、マグニチュード5を超えるものが知られている程度だ。地震の数からいえば、大抵のものは被害を起こさない程度の小さい地震である。

しかし、これには異説もある。米国カリフォルニアで一九八三年に起きたコアリンガ地震

（マグニチュード6・5）は大油田の下で起きたかなりの地震だったが、その余震域、つまり本震の地震断層の拡がりは油田の拡がりとほとんど一致していた。

地震のエネルギーについても、原油の汲み出しによって地殻にかかる力が減った分とちょうど同じだけ地震のエネルギーが解放されて地震が起きたという報告もあり、この地震も誘発地震ではなかったかと考えている地震学者もいる。もしこれが誘発地震だったら、ダム地震以外では過去に起きた世界最大の誘発地震になる。

英国とノルウェーが石油を採掘している北海油田は海底にあり、いまのところ目立った地震は起きていないが、もし大きな地震が起きて原油の流出でも起きたら、大きな環境問題になりかねない。このため、ノルウェー政府は、北海油田の近くで起きるごく小さな地震の監視を始めている。

地盤沈下と地震

このほか地下水くみ上げに伴う地盤沈下が地震を起こした例もある。

二〇一一年五月にスペイン南東部の地方都市ロルカで地震が起き、建物が倒壊して九人が死亡したほか、百人以上の負傷者が出た。地震はマグニチュード5・1。深さ二～四キロと非常に浅い場所で地震断層が動いたので被害が大きくなった。

長年にわたって続けられた地下水くみ上げでロルカ南方の盆地の下にある帯水層を中心に、地下水位が一九六〇年代から約二五〇メートルも低下していた。この結果、南側の地盤が沈下することで年々ゆがみがたまり、北側の地盤が乗り上がる逆断層型の地震が浅い場所で起きたと見られている。

スペインでは地震は珍しく、一九五六年以来の被害規模だった。ふだんは地震が起きない場所で起きた地震なのでこの地震が精密に研究されて地盤沈下が地震を起こしたことがわかった。日本のように、ふだんから地震が多いところでは、同じような地震が起きても原因が分からない可能性が大きい。

技術の落とし穴

「人造地震」の原因としては、廃液の地下投棄やダムのほか、鉱山、地熱利用、石油掘削、原油や天然ガスの採取、地下核爆発、地下水汲み上げによる地盤沈下などがある。つまり、人間が地下でなにかをすれば、それが地震の引き金を引いてしまうことが十分に考えられる。

じつは水圧破砕法はシェールガス採掘だけに使われる手法ではない。これから日本でも盛んになりそうな地熱開発にも使われる手法なのである。

さて、そうなると前に書いた小田実の怒りも邪推として退けていいか心配になってくる。阪神淡路大震災の少し前に工事をしていた明石海峡大橋では、主橋脚のひとつを海中で作っていた。海底に穴を開け、岩盤をさらに掘り進んで橋脚の基礎を作っていたのである。橋脚は兵庫県南部地震（阪神淡路大震災）を起こした野島断層から決して遠いところではなかった。

かつて人類は、地球になかったフロンという物質を発明して大量に、便利に使っていた。それが最終的に地球のオゾン層を破壊してオゾンホールを作る「悪魔の技術」であることに気がついたのはずっと後年である。

便利さだけを追求する技術。そこに落とし穴はないのだろうか。

あとがき

地球は「生きて動いている星」だ。生まれて四六億年あまり、いままで一度として同じ姿になったことはない。地球内部は溶けたマグマや高温なので溶けて液体になった金属が動き回っている世界なのである。

その生きている地球の息吹が地震や火山噴火だ。たとえば地球と同時期に出来て一時は溶けたマグマに覆われていたものの、いまは中心まで冷えて固まってしまった火星には地震も起きず、噴火もない。

ところで、人類の活動が近年急激に盛んになって地球にさまざまな影響を及ぼすほどになっている。影響としてよく知られているのは、人類が出す温室効果ガスによる地球温暖化や、人類が発明して大量に使っていたフロンが上空に上がっていって作るオゾンホールだ。

しかし、それだけではない。便利さだけを追求してきた人類は新しい資源の開発を繰り返してきた。石油や石炭などの化石燃料や、灌漑農業のために大量に汲み上げている地下水も、場所によってはほとんど掘り尽くすまでになっている。

そして最近では新しい資源への貪欲な開発がさらに進んでいる。米国はじめ各国で進められているシェールガスの開発。近未来の商業利用のために研究開発が進んでいる海底の新資源、メタンハイドレート。資源の開発ばかりではない。人類が過剰に出してしまった二酸化炭素の実験的な地下投棄も始まっている。

そして、この本に書いたように、これら人類の活動は、いまや地震が起きなかったところに地震を起こすまでになっている。さて、このまま人類が地球相手の開発に突き進んでいいのか、考えるべき段階に来ているのかもしれない。

ところで地震についての学問は、それなりに進歩して来てはいるものの、まだ解明できていないことも多い。どこまでわかって、何がまだわかっていないのか、いまの科学の限界はどこなのか、この本を読んで、幾分でも理解して貰えばありがたい。

なお、この本は『夕刊フジ』に二〇一三年五月から、ほぼ毎週連載しているものに加筆して収録した。

この本の出版には花伝社の社長である平田勝氏の強いお薦めがあり、また編集には同社の水野宏信氏に大変お世話になった。お二人に感謝したい。

人はなぜ御用学者になるのか——地震と原発

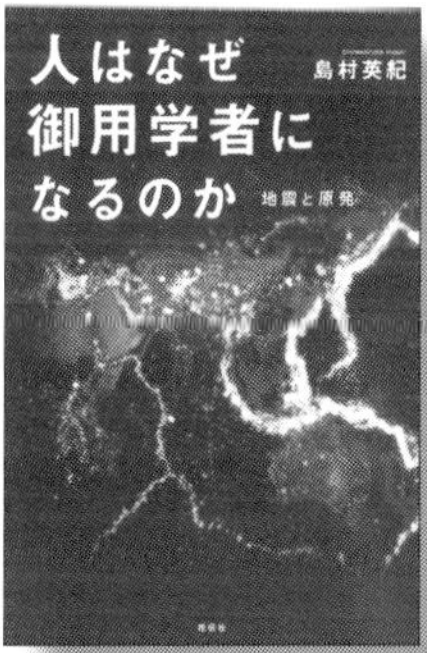

島村英紀　著

定価（本体 1500 円＋税）

科学者はなぜ簡単に国策になびいてしまうのか？
最前線の科学者とは孤独なものだ——
御用学者は原子力ムラだけにいるのではない
地震学を中心に、科学と科学者のあり方を問う

直下型地震——どう備えるか

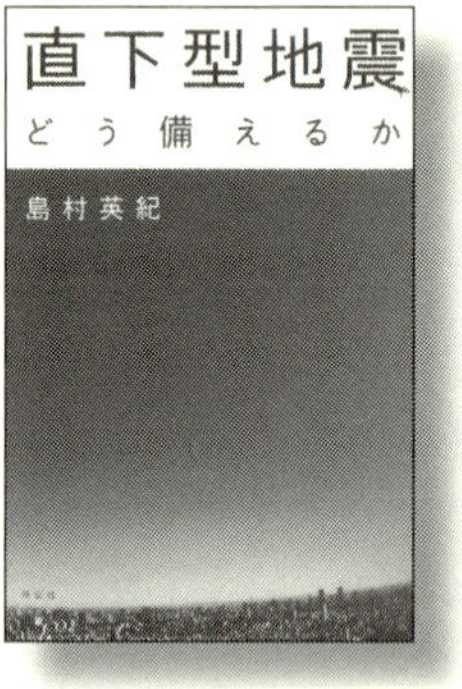

島村英紀　著

定価（本体1500円＋税）

直下型地震について
いま分かっていることを全部話そう
・海溝型地震と直下型地震
・直下型地震は予知など全くお手上げ
・地震は自然現象、震災は社会現象
大きな震災を防ぐ知恵、地震国・日本を生きる基礎知識

島村英紀（しまむら　ひでき）
1941年東京生まれ。東京大学理学部卒。同大学院修了。理学博士。東大助手、北海道大学助教授、北大教授、CCSS（人工地震の国際学会）会長、北大海底地震観測施設長、北大浦河地震観測所長、北大えりも地殻変動観測所長、北大地震火山研究観測センター長、国立極地研究所長を経て、武蔵野学院大学特任教授。ポーランド科学アカデミー外国人会員（終身）。
自ら開発した海底地震計の観測での航海は、地球ほぼ12周分になる。趣味は1930－1950年代のカメラ、アフリカの民俗仮面の収集、中古車の修理、テニスなど。メールアドレスはshimamura@hot.dog.cx。ホームページは「島村英紀」で検索。
●著書『地球の腹と胸の内——地震研究の最前線と冒険譚』（講談社出版文化賞受賞）、『地震と火山の島国——極北アイスランドで考えたこと』（産経児童出版文化賞受賞）、『地震をさぐる』（日本科学読物賞受賞）、『地球がわかる50話』（中学国語教科書に文章を採用されたほか、国際交流基金や韓国・台湾・香港・中国の日本語能力試験にも採用された）、『深海にもぐる』（中学国語教科書に文章を採用された）、『日本海の黙示録』、『地震列島との共生』、『地震学がよくわかる』、『「地震予知」はウソだらけ』、『私はなぜ逮捕され、そこで何を見たか。』、『地球環境のしくみ』、『「地球温暖化」ってなに？』、『新・地震をさぐる』、また、花伝社より『巨大地震はなぜ起きる』、『直下型地震』『人はなぜ御用学者になるのか』等がある。著書のいくつかは中国や韓国でも翻訳出版されている。

油断大敵！　生死を分ける地震の基礎知識60　花伝選書

2014年9月10日　　初版第1刷発行

著者 —— 島村英紀
発行者 — 平田　勝
発行 —— 花伝社
発売 —— 共栄書房
〒101-0065　東京都千代田区西神田2-5-11 出版輸送ビル
電話　03-3263-3813
FAX　03-3239-8272
E-mail　kadensha@muf.biglobe.ne.jp
URL　http://kadensha.net
振替　00140-6-59661
装幀 —— 黒瀬章夫（ナカグログラフ）
印刷・製本 - 中央精版印刷株式会社

ISBN978-4-7634-0712-2 C0036